Which would you prefer, Chinese food or Western food?

米娅

西餐在左 中餐在右

米娅◎著

浙江出版联合集团
浙江科学技术出版社

图书在版编目（CIP）数据

米娅·西餐在左　中餐在右 / 米娅著. — 杭州：浙江科学技术出版社，2016.12

ISBN 978-7-5341-7220-5

Ⅰ.①米…　Ⅱ.①米…　Ⅲ.①西式菜肴-烹饪-基本知识 ②中式菜肴-烹饪-基本知识　Ⅳ.①TS972.118 ②TS972.117

中国版本图书馆CIP数据核字（2016）第162634号

书　　名　**米娅·西餐在左　中餐在右**

著　　者　米　娅

出版发行　**浙江科学技术出版社**

杭州市体育场路347号　邮政编码：310006

办公室电话：0571-85176593

销售部电话：0571-85176040

网　址：www.zkpress.com

E-mail：zkpress@zkpress.com

排　　版　杭州兴邦电子印务有限公司

印　　刷　浙江新华印刷技术有限公司

经　　销　全国各地新华书店

开　　本	787×1092　1/16	**印　张**	11
字　　数	223 000		
版　　次	2016年12月第1版	**印　次**	2016年12月第1次印刷
书　　号	ISBN 978-7-5341-7220-5	**定　价**	42.00元

责任编辑　王　群　　**责任美编**　金　晖

责任校对　刘　丹　　**责任印务**　田　文

特约编辑　胡荣华

当中餐遇见西餐

食物对每个人都是亲切的，除了生命所需，更是表达情感的一种方式，于我更是如此。很喜欢沈宏非先生的一句话："你要爱，就离不开饭桌，除此之外，我想不到还有更好的去处。"离不开饭桌的爱，让我爱上了厨房。

于厨房里兜兜转转，随心摆弄着柴米油盐，总觉得在手中慢慢变熟的食物带着情感。下厨时，我经营着情感的累积；享用时，食物里的情感绽放出爱。一个简单的食物转化过程，于口于心，都是双重享受。我对于下厨的理解是一切随心，食物的最终体现没有固定模式，尽情与随意才能使食物灵动而美好。家厨出品的食物贵在别致，一切特色皆由心思支配。我不爱刻意，只爱那几分不羁的随意而为。

中华美食博大精深，我们个个都被煎、炒、焖、炖、蒸、煮、炸滋润着长大，胃扎扎实实地成为中式美食的拥趸。对于偶尔飘过的异国风情，齿颊留香间却被轻轻诱惑，尝鲜的愿望触动着味觉，产生了新的迷恋。味觉是最难驾驭的感受，时而执着追寻记忆里的儿时味道，时而却被异国美食牢牢捕获，来来回回，往往复复，不知疲倦。

地道的传统中国味与撩拨心弦的异国风味，让味觉的感触如行云流水般自在穿梭。无数次交相辉映后忽然有了交错的欲望，溢满温情的传统之味若是添了撩人的异国香气，又会是怎样一番惊天动地？是你中有我，我中有你的亲昵，抑或是水火不相容的失衡？试过才知。

每日家厨出品的食物，时常被抱怨过于单调与乏味，美则美矣，却少了食物的灵气；而每每举着刀叉切切割割，又开始感叹，虽异香扑鼻却犹如置身异境，美则美矣，却少了真真切切的实在感。在食物面前，我们都是贪恋的，幻想着一朝拥有天下美味，追求着一口尝尽各国风情。于是乎中餐、西餐便有了跨界合作，各自摆脱乏味的束缚，重新塑造出一番摄人心魄的境界来。这种基于各自传统之上的稍加改变，让家厨出品的食物尽显随意。剪一把香草撒在蛋液上，和着小葱的香气，一同把炒鸡蛋升华到清新可人的境界。没有过多的心思，只由着口味的指引一路前行。家厨的创新便如此一般，没有功力深厚的厨艺，却有天马行空的创意，不遵循食物搭配的陈规，却能把自己的钟爱之味发挥到淋漓尽致。

世间食物皆以味美为法则，传统味与创新味虽站在对立面互不相容，两者间却有一种不言而喻的惺惺相惜。倘若传统味是绵长而厚重的，创新味则是悠远而魅惑的，无论固守哪一方，总觉得守住的是躯壳，遗落的却是灵魂。对于食物的划界都在一念之间，冲破界限后的提升不再仅限于味觉，心也一同被释放。撒一把罗勒在外婆的红烧肉上，迸发的又是怎样一种特殊感触？是诗意的家常小菜，还是灵动的人间美味，由你界定！

目录 *Contents*

一、中西合璧之肉香扑鼻

二、中西合璧之鱼虾鲜嫩

三、中西合璧之荤素有道

四、中西合璧之素食清幽

五、中西合璧之主食饱足

六、中西合璧之甜品甜心

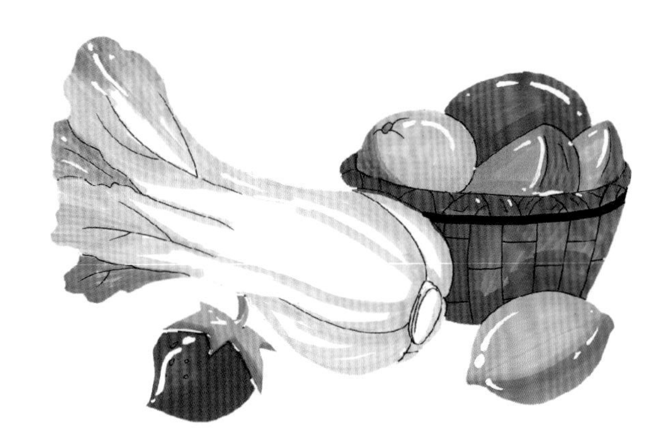

食材与烹饪的花样组合

中西式烹饪所用的食材，从严格意义来讲，并没有十分显著的区分，通常用于中式烹饪的食材以西式手法烹饪，一样可以很出彩。一般区分中西式烹饪的，并非仅仅因为食材的品种，更多的时候在于烹饪的方式。

相同的食材，以不同的方式烹饪就会有完全不同的味型呈现。猪肉、牛肉、羊肉、鸡肉、鸭肉、鱼、虾、蟹和各色蔬菜，是我们最常用到的食材，无论中式烹饪还是西式烹饪，基本都在这些食材中选择，不同的就是食材的搭配与烹煮的方式。中式烹饪以煎、炒、焖、炖、蒸、炸为主，而西式烹饪以煎、炖、烤为主，但两种烹饪方式并无完全的界限，中式烹饪也会用到烤，而西式烹饪也有炒制的手法。

对于取材，中西式烹饪也是近似的，区别只在于食材的处理以及最终的烹饪方式。牛肉切成厚片煎熟，是西式饮食里的经典，牛肉切丝快炒，则是地道的中国味道，所以想要做出花样百出的缤纷美味，并没有一个既定的烹饪方式需要遵循，天下的食材尽可按照喜欢的方式去烹饪，一种食材以多种方式烹饪，每一次都是美好的味觉体会。

调味料的风格迥异

调味料是让食材转化成食物的神奇魔法，没有调味的食材，只拥有本色的味道，却不能使味觉得到满足，只有调味料的介入，方能使食材变化成美味。中西式的烹饪中，基础的味料都是盐，在此之上配上各色酸甜苦辣就形成了各种风格的美味。完全相同的食材只要施以不同的调味料，就能形成地道的传统味与异国风味。中国风味的调味料花样繁多，从液体类的酱油、米醋、芝麻油……到粉末类的花椒粉、孜然、五香粉……还有各色酱类，豆瓣酱、甜面酱、海鲜酱、沙茶酱等等，都是带给中式佳肴鲜明特色的调味料。异国风味的调味料同样不胜枚举，法式黄芥末、意式油醋汁、泰式咖喱……每个地域都有各自的特色调味料，地域食物的特点皆由调味料体现。只是这些带有浓郁地域特色的调味料并非只能用于地域菜肴的烹饪，只要味道不相互冲突，即可用来调味。调味料虽属不同的地域，味道的特色总也逃不出酸甜苦辣咸的边界，所以总能找寻到与中式风味相融合的味型，只要有心寻找，放手去做，都会是别致的全新味道。

香草们的无限旖旎

香草在西式菜肴的烹饪中，有着举足轻重的地位。一道菜的香味都由香草提升，薄荷、迷迭香、百里香、罗勒等都是较为常见的西式香草。香草的气味多是浓郁而激烈的，少量使用在菜品中即可带来强烈的味觉刺激。香草既可以使用新鲜采摘的，也可以使用干燥后磨碎的，两者虽形态不同，但具有同样的香气。

香草对于西餐的作用类似于中式菜肴的香料，我们日常使用的茴香、桂皮、芫荽籽就与西式香草有着异曲同工之处，都能使菜肴呈现别致香气。香草除了能增香，更可为食材去除腥味。这个特性也与中式菜肴中的葱、姜近似，西餐的肉类与鱼虾类在烹饪时添加少许香草，就如同中式菜肴加入小葱与生姜一般，具有去除异味、增加香味的效果。

薄荷：薄荷是西餐中常用的香草，有沁人心脾的清爽芳香，食用后会在口腔中留有悠长的清凉感觉。在凉拌蔬菜中添加薄荷以及为饮料增味都是十分适合的。

迷迭香：迷迭香带有松木的气味，香味浓郁，甜中带有苦味，常用于为烧烤牛排增味、增香。在腌制肉类时添加少量迷迭香，可以突出肉类的香味，同时也会明显降低肉类的腥味。

芝麻菜：芝麻菜在西餐中多用于直接生食凉拌，口味清新爽口。在中式的饮食中，多将芝麻菜焯水后拌食，两种方式各有不同的口感，但都能吃出芝麻菜的清香。

百里香：百里香气味芳香，多用于炖煮及烧烤，能使菜品香腴味美。百里香不仅可以作为香料使用，更有一定的药用价值，具有温中散寒、祛风止痛的功效。

罗勒：罗勒有较强烈的香味，随食材烹煮或是拌和都能为口感增加层次。青酱意面与台式三杯鸡都是以罗勒香气突出味型的代表。

薄荷　　迷迭香

芝麻菜

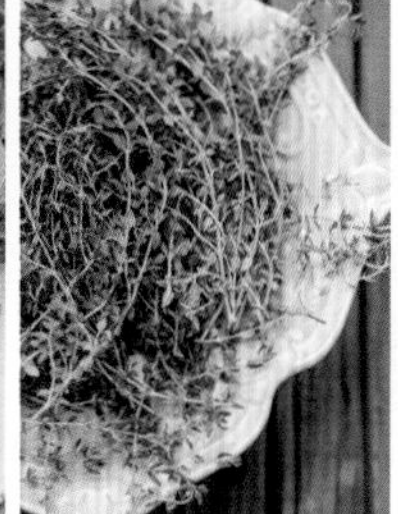

百里香

罗勒

注　本书中的测量工具：

1 小勺约 5 毫升，1 大勺约 15 毫升，1 杯约 240 毫升。

本书中用油根据个人喜好，按内文中提示的量即可，煎制时用少许，油炸时量多些。

厨具们的立场

厨具是整个烹饪的媒介。搭配完美的食材与调味料，若是不通过厨具来实现最后的转换，怎样都无法变为引人口水的美食。中式烹饪与西式烹饪的厨具是完全不相同的，中式烹饪中最常使用的是圆底锅，而西式烹饪均使用平底锅。圆底锅在烹饪时火焰包裹整个锅底和部分锅身，使食材可以快速升温，而有弧度与深度的锅身则能使翻炒这一手法得以方便操作。此外，由于圆底的锅具有一定的深度，不仅可以作为炒锅使用，也可作为汤锅和蒸锅使用，所以中式的圆底锅是一种复合型锅具，几乎适用于所有的中式烹饪方式。而西式烹饪的平底锅，一般分为煎锅与汤锅，这与西式烹饪方式有关。西式烹饪多以煎制和炖煮为主，由于平底煎锅底部平坦，整个锅底都可以均匀受热，食物可以平铺展开；且平底煎锅只有浅浅的深度，食物在煎制的过程中，更易随时进行翻面，同时更易观察到食物的成熟程度。炖煮时则需要有一定深度的锅身，才能盛入更多的汤汁与食材，此时更适合使用汤锅。此外，汤锅还可用来油炸食物。西式烹饪中也常用到铸铁锅具，外形上也分为煎锅与炖锅，铸铁的锅具有更优良的保温性，食物能在锅中更易煮软并更多地保留香味。此外，传统中式烹饪中的烤制多为炭火烤制，而西式烹饪更多地引入了电烤箱。烤箱的出现，在多方面改变了烹饪方式，食物只要腌制完成，便可交由烤箱完成剩余的工作，不必费心照看。

平底煎锅： 平底煎锅是西式锅具中最常用的一种，由于锅底是平整的，更适合煎制食物，可使食物与锅底完全贴合，达到既均匀又快速的效果。

铸铁锅： 西式的铸铁锅多为极厚重的设计，锅身与锅盖都有极重的分量，在烹饪时可最大限度地保持温度，使食物更易焖煮，同时留住更多的食物香气。

汤锅： 西式的汤锅与中式的汤锅在式样上并无多大的不同，最大的区别在于西式汤锅的锅盖多以无孔设计为主，更容易保持锅内的水分。

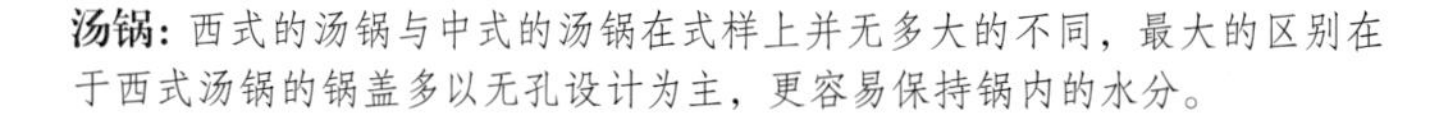

烤箱： 烤箱在西式厨具中的地位举足轻重，不仅可以烤出蛋糕、面包等西点，更可以烤制肉类、鱼类，及焗饭等，用途十分广泛。

胡椒研磨器： 不同于中餐多使用胡椒粉，西餐中则常用胡椒碎粒为食物增味，使用研磨器可将胡椒磨碎，颗粒较大的胡椒碎比胡椒粉味道更为浓郁。

量勺和量杯： 西式烹饪中计量时使用量杯和量勺，特别是在西点的制作中，用量杯和量勺可以较精确地称量材料，使做出的食物达到最满意的效果。

平底煎锅

铸铁锅

汤锅

烤箱

胡椒研磨器

量勺和量杯

一、中西合璧之肉香扑鼻

ZHONGXIHEBI ZHI ROUXIANGPUBI

肉食，在任何一种风格的饮食里都是最易让人嘴馋的，也总在餐桌上扮演着主要角色。肉食的烹饪方式中使用频率最高的是焖炖、炸制和烤制。焖炖能使肉类更易酥软和入味；炸制可以最大限度地保持肉类的鲜嫩；烤制则是一种轻松的烹饪方式，不仅能使肉类酥软喷香，更是一种不必费心照管的省力方式。中、西式调味料与食材的混合运用也是烹饪的方式之一，中式的烹饪中引入西式的食材与调味料，便可制成与众不同的风味。

1. 罗勒红烧肉

中式材料［五花肉］& 西式材料［新鲜罗勒］

从初尝饮食的幼儿，直至两鬓斑白的老人，一生会吃无数次家人烹制的红烧肉，自始至终的甜咸搭配与浓油赤酱，改变的只有年龄，不变的是味道。一种食物倘若交织了依恋，便会成为你一生无法忘却的记忆，任何时候都会不时地惦念。

红烧肉的做法无数，终究偏爱的只有那种熟悉而深刻的家常味道，没有珍贵的食材参与，过程简而不繁，只要透着几分与记忆相符的味道，便是十十足足的成功。千家万户会有无数种红烧肉的做法，我常用的便是有些特别的方法。说是特别也无特别繁复之处，只是多了一味食材——罗勒。红烧肉需用五花肉来制作，多脂的肉才能使口感丰腴，只是多吃几口难免会觉油腻，故而想到用点清新的味道去化解，不过清新也不能过了头，否则就破坏了浓赤的口感。罗勒，正合适！它既有清新的味道，又能保持淡雅，不喧宾夺主，如此搭配就好比一袭深色衣衫上系了一束亮色的腰带，引人注目却也让人无法忽视衣衫本身的美丽。

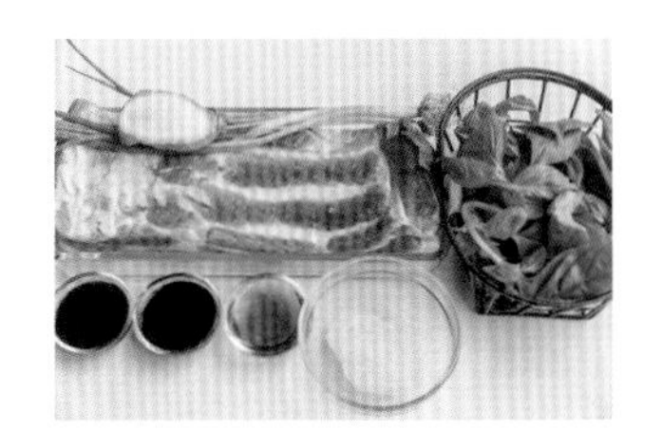

食　材　五花肉 600 克　新鲜罗勒 30 克　小葱 2 根　生姜 1 小块

调　料　老抽 1 大勺　生抽 2 大勺　冰糖 25 克　料酒 1 大勺

锅　具　平底煎锅　铸铁锅

制作过程

① 生姜去皮，切片；小葱切段；罗勒摘取嫩叶。

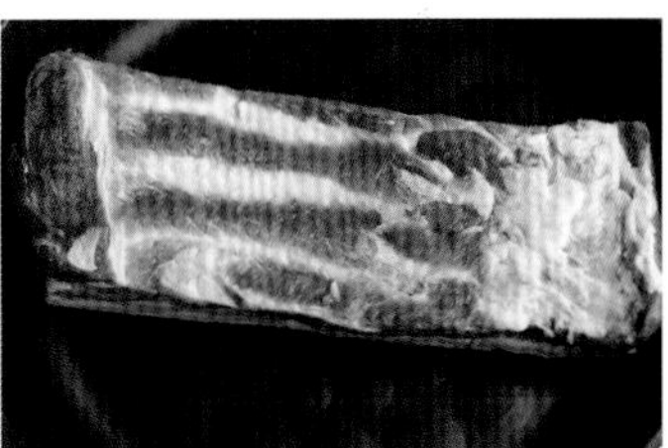

② 平底煎锅加热，不必加油，将五花肉肉皮向下放入锅内煎制。

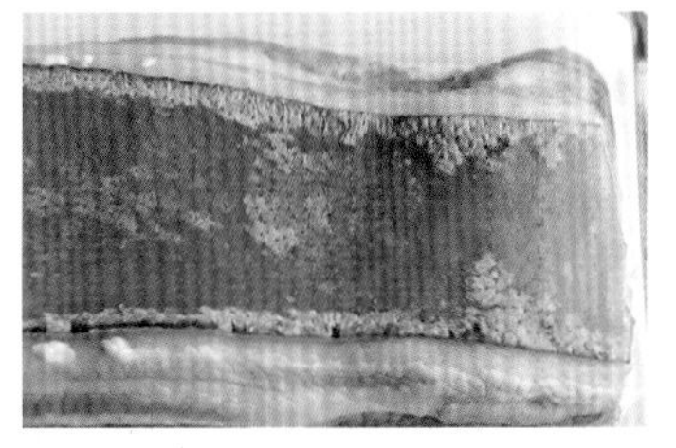

③ 煎至皮色变成金黄色并明显收缩后出锅。

④ 将煎好的五花肉切成一块块小的长方形。

⑤ 锅内加入少许油，加入姜片和葱段煸炒至香。

⑥ 加入五花肉不断翻炒至完全变色，并有油脂渗出。

⑦ 将煸炒后的五花肉移入铸铁锅。

⑧ 加入料酒 1 大勺。

⑨ 加入生抽 2 大勺。

⑩ 加入老抽 1 大勺。

⑪ 加入冰糖约 25 克。

⑫ 加入适量水没过五花肉；加盖，大火煮开后转中小火继续炖煮约 1 小时至肉酥软。

⑬ 移去锅盖后转大火煮至汤汁浓稠。

⑭ 加入新鲜罗勒，翻匀后即刻关火出锅；装盘后再撒少许罗勒装饰。

贴士

1. 这里的罗勒只采用鲜嫩的叶子，较粗壮的茎部需要摘净。
2. 五花肉只煎制有肉皮的一面，精肉部分无须处理。
3. 整块五花肉先煎制后改刀，如此可以轻松只煎制单面。如若先改刀，则在煎制时多有不便。
4. 改刀时尽量切成大小一致的块，以保证同等的熟软程度。
5. 生抽味咸，为调味所用；老抽色浓，为上色所用。红烧类菜肴，两者 2:1 的比例较为适合。
6. 冰糖的口感较为温和，甜而不腻口，同时也能为红烧菜肴增添油亮的色泽，建议不要用砂糖代替。
7. 大火收汁时，可用勺子不时舀些汤汁淋在表面，尽量不要翻动，以免破坏肉的形状。
8. 加入罗勒后需快速翻匀后立刻关火，以留住罗勒的清新香味。

2. 胡椒鸭脯

中式材料［鸭胸肉］& 西式材料［黑椒汁］

在爸妈还年轻的那个时代，吃酒席总得有整鸡、整鸭、整条鱼以及完整的大蹄膀。现如今，豪迈的整鸡整鸭逐渐消失在餐桌，除非传统佳节大宴宾客，否则露面的机会着实不多，取而代之的是化整为零地烹饪肉食，没了大盆大碗的热烈与喧嚣，在形式上有了些温柔的改变，但骨子里依然还是浩浩荡荡的脂腴肉丰。

取现成的鸭胸肉，煎至油脂溢出，再佐以浓郁香辛的黑胡椒汁，味道已是让人垂涎。黑椒汁多用于西式菜肴的烹饪，以用于牛肉调味居多，鸭肉则多用于传统中式调料烹饪，两者结合，虽没有惊天动地的口味颠覆，却也有打破界限的新颖。至于鸭子原本有些腥味，再辅以些许果味便可尽除，橙子就是其中的佳品。橙子在众水果中以味道浓郁持久不散著称，用来遮味增香极为妥帖。一个是浓烈的调料，一个是清新的水果，天融地合，无不妥。

食　材　鸭胸肉 2 块　橙子 1 个　小葱 2 根　生姜 1 小块

调　料　黑椒汁 2 大勺　盐 1/4 小勺＋1/8 小勺　蜂蜜 1 小勺　料酒 1 小勺　研磨胡椒少许

锅　具　平底煎锅

制作过程

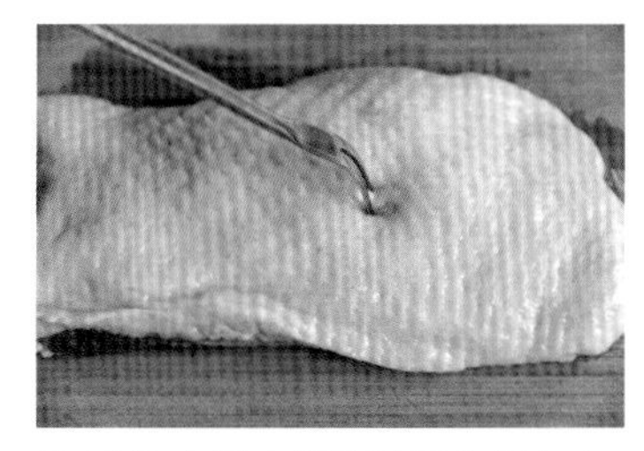

① 鸭胸肉用尖锐的叉子分别在皮、肉部分扎些小孔，以加速入味。

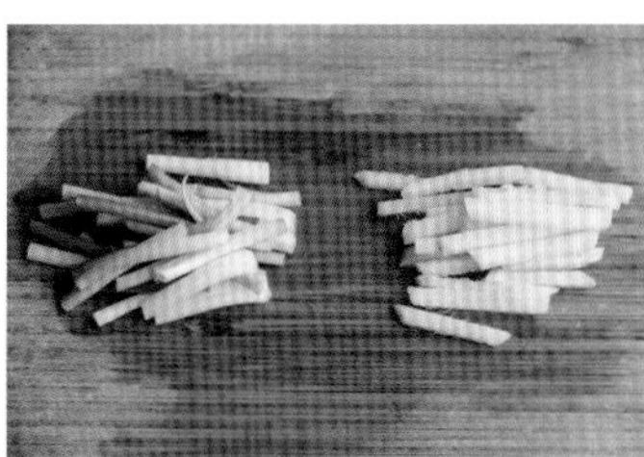

② 生姜去皮切丝，小葱切段。

③ 用盐将橙子表面搓洗干净，再用水洗净；用刮刀取 1/2 个橙子皮。

④ 整只橙子榨取橙汁。

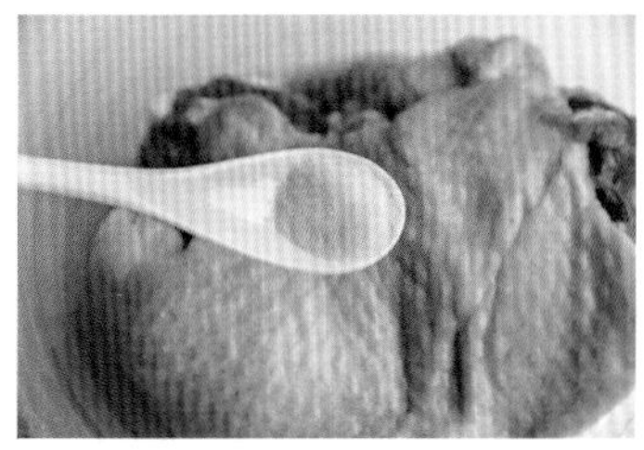

⑤ 鸭胸肉上加盐 1/4 小勺。

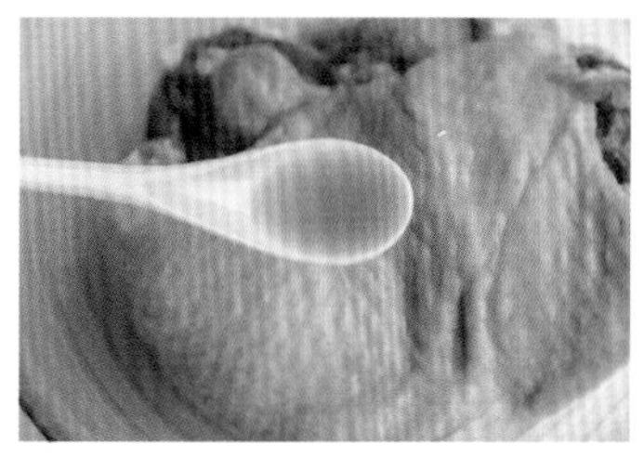

⑥ 加料酒 1 小勺。

制作过程

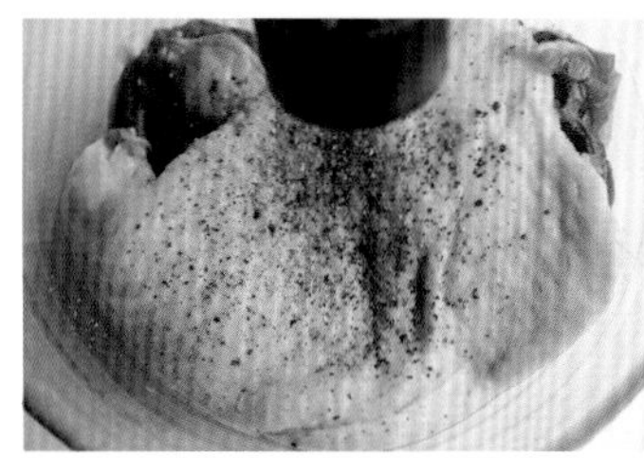

⑦ 磨入少许胡椒。

⑧ 加入生姜和小葱，拌匀后腌制 4 小时。

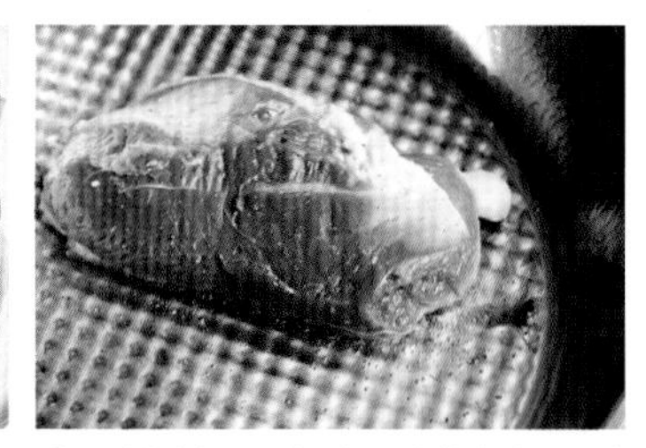

⑨ 平底煎锅不加油，直接加热至手心能感到灼热时，将鸭胸肉鸭皮向下放入锅内煎制。

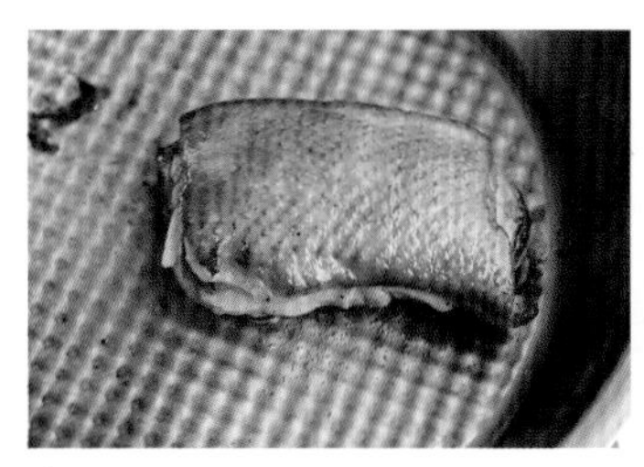

⑩ 等到鸭皮呈现金黄色后翻面，继续煎至鸭肉金黄。

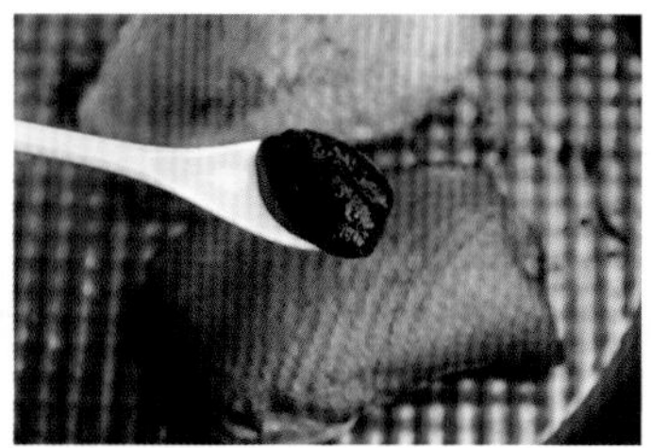

⑪ 往锅内加入黑椒汁 2 大勺。

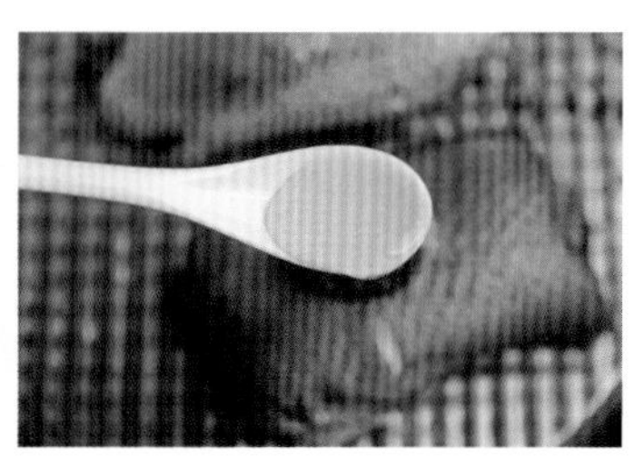

⑫ 加入蜂蜜 1 小勺。

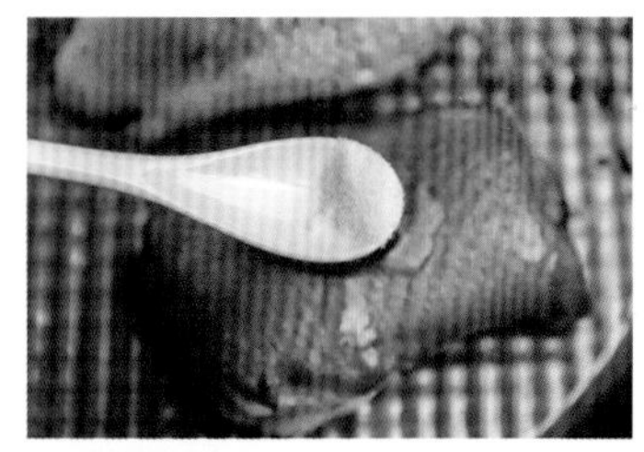

⑬ 加入盐 1/8 小勺。

⑭ 加入橙皮 1/2 个（可留少许橙皮作装盘后的装饰）。

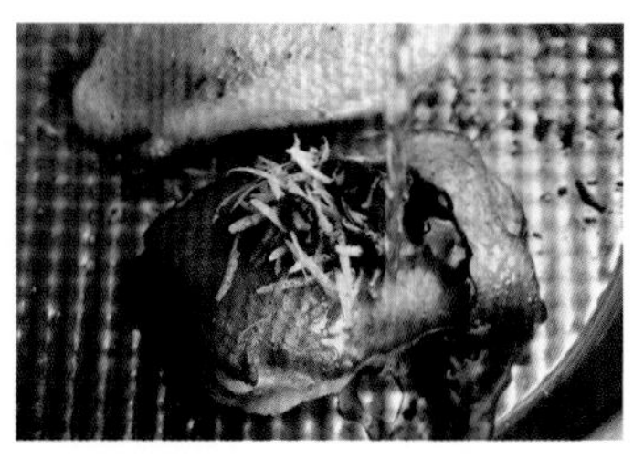

⑮ 加入适量水，基本淹过鸭胸肉。

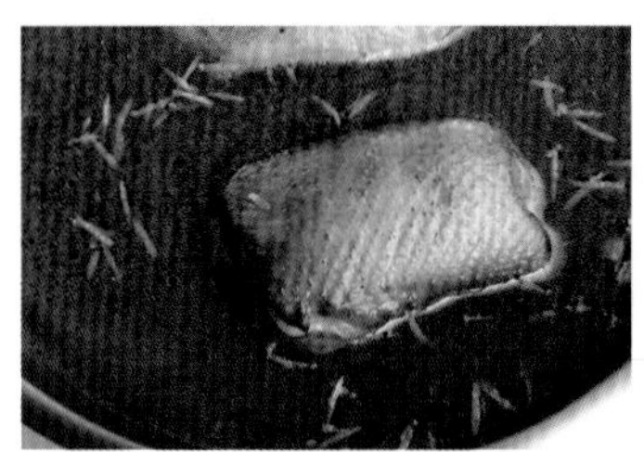

⑯ 加盖，大火煮开后转中火，焖煮约 40 分钟至鸭肉熟软。

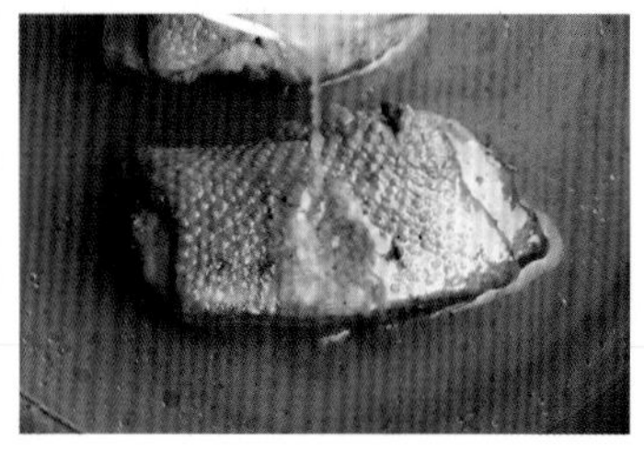

⑰ 加入橙汁继续煮约 10 分钟；移去锅盖，转大火将汤汁收浓。

⑱ 取出鸭胸肉切件后装盘，淋上汤汁即可。

贴士

1. 鸭胸肉质地紧实不易入味，在表面扎些小孔可以改善。
2. 腌制鸭胸时加入研磨胡椒，不仅可以去腥，更可以使鸭肉有浓郁的胡椒香气。
3. 先用盐用力搓洗橙子表面后再洗净，这样更加干净，可放心入菜。
4. 橙子最有橙味的部分是橙皮，所以要达到橙香浓郁的效果，不仅需要橙汁，更需要橙皮。
5. 不锈钢平底锅要达到不粘的程度，需要将锅烧至足够热。如果无法从掌心的感觉判断，可在锅内滴入少许水，当水珠可以聚拢并不汽化消失时，温度就已达到。
6. 煎制鸭胸肉时，晃动锅子待鸭肉自动离锅后再翻面，过早翻面可能会粘锅。
7. 鸭肉不易煮酥，可将筷子扎入来判断熟酥程度，如能轻松扎穿即可。
8. 橙汁可与水同时加入，但晚些添加可使橙味更为浓郁。
9. 可留少许橙皮作为最后盛盘的装饰。

3. 芝士焗贡丸

中式材料［贡丸］& 西式材料［马苏里拉芝士］

每当天气寒冷的时候，我对一种食物就有特别的情感，就是贡丸。看着贡丸在热汤里咕嘟咕嘟地翻腾着，心里就会平添几分暖意。贡丸虽是由肉制成，却不似肉丸那般直白，猪肉经过长久的捶打，增添了弹性十足的质地，既保留了肉质本来的鲜美，又让舌齿有了非同一般的享受。

贡丸除了常常在火锅里出现，也可用于家常小炒，几个贡丸配些爱吃的蔬菜，或炒或炖，都是简而不陋的一餐。再跨界一点，用贡丸配上芝士，在烤箱里烤到芝士泛油光，趁热扯出长长的芝士丝，传统中国味的贡丸立刻光彩四溢。芝士是绵软而浓郁的，贡丸是弹牙的，两者一合，既有层次上的泾渭之分，又有交织之后的你侬我侬，何时遇见都是欲罢不能的。

食　材　台式贡丸 12 个　台式香肠 6 个　西蓝花 1/8 棵

调　料　马苏里拉芝士 200 克

锅　具　汤锅　烤箱

制作过程

① 马苏里拉芝士刨成细丝。

② 西蓝花切小朵。

③ 西蓝花在开水中焯烫约 1 分钟，捞出后沥干水分。

④ 贡丸和香肠在开水中煮软，捞出沥干水分。

⑤ 将贡丸、香肠、西蓝花串在竹签上。

⑥ 串好后放入耐热容器，表面铺满马苏里拉芝士；放入预热至 180℃的烤箱，烤约 10 分钟至芝士融化即可。

贴士

1. 此分量约可制作 6 串贡丸。
2. 马苏里拉芝士一般多用于比萨的制作，一般超市均可购得。
3. 台式贡丸与台式香肠一般都为冻品，在水中煮软后较易穿入竹签；也可不汆水，待解冻后穿入竹签。
4. 西蓝花先焯水再烤制口感较佳，如果直接烤制不易熟软。
5. 所有食材皆为熟品，所以只需烤至马苏里拉芝士融化即可。
6. 趁热食用口感最佳，温度可以使芝士拉出长长的细丝，口感与视觉俱佳。

4. 柠檬叶汽锅鸡

中式材料［三黄鸡］& 西式材料［柠檬叶］

汽锅是一种十分神奇的厨具，食物在入锅时无须加水，待到揭盖时已有一锅清澈的汤水，就像是被施了魔法，味道之上又多了些迷人之处。汽锅里的汤水来自汽嘴，就是锅子中央突起的圆柱，有点类似紫铜暖锅的样子，圆柱的顶与底皆是空的，蒸汽被引入汽嘴后留滞在锅内，故而会产生汤汁。食物在汽锅内慢慢被蒸汽凝结的水珠浸润，天然的鲜味被逐渐激活，这是一种比任何烹饪方式都温柔的过程，也正是这种温柔，留住了食物最原汁原味的风情。

汽锅菜里最出名的就是传统的汽锅鸡，不过也可在此之上添些与众不同的香味，譬如加点柠檬叶。柠檬叶就是柠檬树的树叶，柠檬树除了结出的果实异香扑鼻，连叶子也是带着那股子沁人心脾的香，只是这叶子多用于东南亚菜系，江南一带的人甚少用到。柠檬叶的香气浓郁却清新，干干净净的味型与汽锅鸡相配并不显突兀，更是能解去不少油腥气。

食　材　三黄鸡 1 只（重约 1000 克）　生姜 1 小块　鲜虫草花 30 克　黑木耳 10 克　柠檬叶 6 片

调　料　盐 1 + 1/4 小勺　米酒 1 大勺

锅　具　汽锅　汤锅

制作过程

① 黑木耳用水泡发后去根；虫草花洗净后沥干；生姜去皮切片；柠檬叶洗净后用手揉搓变软。

② 三黄鸡切块。

③ 鸡肉内加入盐 1 + 1/4 小勺。

④ 加入米酒 1 大勺。

⑤ 加入姜片和柠檬叶，拌匀后腌制 1 小时。

⑥ 腌制完成的鸡肉装入汽锅内，铺上黑木耳和虫草花。

⑦ 将汽锅置于装满开水的锅上，保持沸腾，蒸约 40 分钟即可。

贴士

1. 做汽锅鸡如果不想长时间蒸制，建议选择肉质较嫩的品种，比如三黄鸡，可在较短的时间内完成烹饪。
2. 柠檬叶需要用手轻轻揉至变软，才会释放出清新的香气。
3. 配菜使用的是黑木耳与虫草花，这两种食材本身都没有味道，不会掩盖鸡肉的原汁原味；若不喜欢，可以不添加配菜。
4. 柠檬叶虽然香气淡雅，但勿过多添加，否则容易使鸡肉失去原本的味道。

5. 果香排骨

中式材料［肋排］& 西式材料［青柠檬］

水果入菜，其实是个挺矛盾的组合，水果在加热之后会明显改变原本的质地与口感，与主菜配合得好是锦上添花的亮点，冲突了主菜的本味则是画蛇添足的累赘。

与排骨搭配的水果，要选那些果香味能渗入肉中且能熬得住高温的果类，否则再伶俐鲜活的果子，一经高温便失了味，白费一番工夫。这得借鉴西点里常用的水果——橙子和柠檬，这两种水果只要添在了蛋糕饼干中，即使经历烤箱的高温依然能保持香味不消散，正是这种有些霸道的香气才能镇得住排骨。再辅以甜度极高的菠萝和清爽的火龙果，正好把排骨整个地蒙上果香。不必担心果味会把排骨的本味遮掩，肉类本生就有足够的鲜香，果味再浓也总处在配角的地位，完全不至于喧宾夺主。

食　材　肋排 300 克　罐头菠萝 2 片　火龙果 1/4 个　青柠檬 1/2 个　橙子 1/2 个

调　料　盐 1/2 小勺　米酒 1 小勺　番茄沙司 1.5 大勺　罐头菠萝汁 150 毫升

锅　具　平底煎锅

制作过程

① 火龙果去皮切块，取 1/4 个；罐头菠萝切块；1/2 个青柠檬榨汁。

② 橙子用盐搓洗表面后洗净，用刮刀刮下 1/2 个橙皮；取出 1/2 个橙肉后切块。

③ 肋排切小块。

④ 平底煎锅加热后加入少许油，放入排骨煎至表面变色。

⑤ 加入米酒 1 小勺。

⑥ 加水至排骨 1/4 处；加盖焖煮约 15 分钟至水分收干。

⑦ 加入盐 1/2 小勺。

⑧ 加入番茄沙司 1.5 大勺。

⑨ 加入榨好的柠檬汁。

⑩ 加入菠萝。

⑪ 加入橙子皮。

⑫ 加入罐头菠萝汁 150 毫升；加盖，大火煮开后转小火煮约 15 分钟至排骨熟软。

⑬ 加入橙肉。

⑭ 加入火龙果，翻匀后出锅即可。

贴士

1. 橙子需用盐用力搓洗表面后再取用橙皮。
2. 入菜的菠萝建议选择罐装而非新鲜的，罐装的菠萝更为香甜，此外罐装的菠萝有较多汤汁，以此代替水和糖，可使排骨有更为浓郁的果香。
3. 排骨先煮熟定型，再调味，然后再与水果同煮，既可保证排骨熟软，又可保持果香浓郁。
4. 菠萝较为耐煮，可先放入；火龙果与橙子易软烂，出锅之前再加入可避免失形。
5. 此菜并未使用葱、姜为排骨去腥，也未将排骨氽水去味，因为水果有去腥去味的效果，所以皆可省去。

6. 炸小牛排配塔塔酱

中式材料［牛里脊］& 西式材料［酸黄瓜］

牛肉在中、西式美食中都占有相当的地位，烛光摇曳轻歌曼舞的西餐厅里有牛肉，人声鼎沸熙来攘往的夜市里有牛肉，其各种烹调方式都有忠实拥趸，可见牛肉的地位的确非一般。

牛肉好吃，烹饪起来却不易，牛肉的粗纤维结构是得攻克的一关。炸，这种烹饪方式很是稳妥，多种不易掌控的食材经过高温油脂的催化，转眼就把自己最撩人的姿态显露无遗，不必掌勺人过多的心思与技术，食材的优点就被自动激活。

炸制的小牛排直接入口，已能让舌尖雀跃，再配些蘸食的小料，更可以让舌尖疯狂。能配的蘸料很多，我偏爱用西式的塔塔酱，塔塔酱里的主要角色是酸黄瓜，有点类似我们传统泡菜的味型，主要就是那种清爽的酸，外加芥末的辛，用来配在油炸菜品上有着显著的去腻效果。

食　材　牛里脊 150 克　鸡蛋 2 个　柠檬 1/4 个　面包糠（颗粒状）150 克　酸黄瓜 1 根

调　料　色拉酱 3 大勺　淡奶油 1.5 大勺　巴西利 1/2 小勺　盐 1/8 + 1/4 小勺　小苏打 1/4 小勺　米酒 1 小勺　蚝油 1.5 小勺　淀粉 1 小勺 + 4 大勺　研磨胡椒少许

锅　具　汤锅

制作过程

① 牛里脊切成薄片；柠檬榨汁；酸黄瓜切小丁。

② 一个鸡蛋打散成蛋液；另一个鸡蛋煮熟后去壳切碎。

③ 牛里脊里加入盐 1/8 小勺。

④ 加入小苏打 1/4 小勺。

⑤ 加入蚝油 1.5 小勺。

⑥ 加入米酒 1 小勺，搅拌均匀。

⑦ 加入淀粉 1 小勺，继续拌匀后腌制约 20 分钟。

⑧ 酸黄瓜与鸡蛋放入容器中。

⑨ 加入盐 1/4 小勺。

⑩ 加入柠檬汁 1/2 小勺。

⑪ 加入淡奶油 1.5 大勺。

⑫ 加入色拉酱 3 大勺。

⑬ 磨入少许胡椒。

⑭ 加入巴西利 1/2 小勺，拌匀，即为塔塔酱。

⑮ 腌制完成的牛里脊表面蘸满淀粉，抖去多余淀粉。

⑯ 浸入蛋液中。

⑰ 取出后在表面蘸满面包糠，并用手轻轻按压。

⑱ 锅内加入较大量的油；加热至约 180℃；放入牛里脊炸 1 ～ 2 分钟至金黄色即可；装盘后配上塔塔酱食用。

贴士

1. 牛里脊切成薄薄的片状比较适合，这样更易入味，也能在很短的时间内炸熟，以保持鲜嫩。
2. 腌制牛肉时可添加少许小苏打，可以使肉质更嫩。
3. 塔塔酱里的酸黄瓜和巴西利都可在大型超市购得。
4. 颗粒状的面包糠比粉末状的更香脆，如果不易购得，可将面包风干后压碎使用。
5. 炸制牛肉时间不宜过久，1 ～ 2 分钟即可出锅，轻轻压按，能感觉到有弹性即已经熟透。

7. 美式卡拉炸鸡配五味酱 中式材料［鸡腿］& 西式材料［吉士粉］

享乐类的美食，无非都是那些高油、高脂、高甜度的食物，大多与健康相悖，只有味觉得到了极大的满足，才能给心情无限激昂的刺激，这才完成了一轮从口到心的跃升。

鸡腿大可归为此类。如果用来油炸，即刻就成了大众情人型的美物，鲜有不爱吃的。油炸食物的出彩得配合两个内容，一个是温度，一个是配角。刚出锅还烫嘴的瞬间是最有吸引力的，不过如此烫嘴的食物不可能一口吃完，等吃到温度开始下降的部分，此时配角登场，延续刚出锅时的精彩。配角就是蘸料，我很爱做些不同的小料配合着油炸食物，除了解除部分油腻感外，更可以维持温度下降后依然动人的口感，譬如五味酱。五味酱其实是用来配海鲜的蘸料，主要是由番茄酱、泰式辣酱、酱油膏等调制成的微酸微辣带点蒜味的酱料，用来配合海鲜很适合，用来配合炸鸡也是别有风味的。

食　材 鸡腿 2 只　小葱 2 根　大蒜 9 瓣　生姜 1 小块　小红辣椒 2 个　低筋面粉 1/4 杯　吉士粉 1/4 杯　玉米淀粉 1/4 杯

调　料 盐 1/4 + 1/2 小勺　白糖 1 大勺+ 1/2 小勺　料酒 1 小勺　番茄酱 4 大勺　酱油膏 5 小勺　泰式辣酱 1 小勺　陈醋 1/2 小勺　辣椒油 1/4 小勺　水 50 毫升

锅　具 汤锅

制作过程

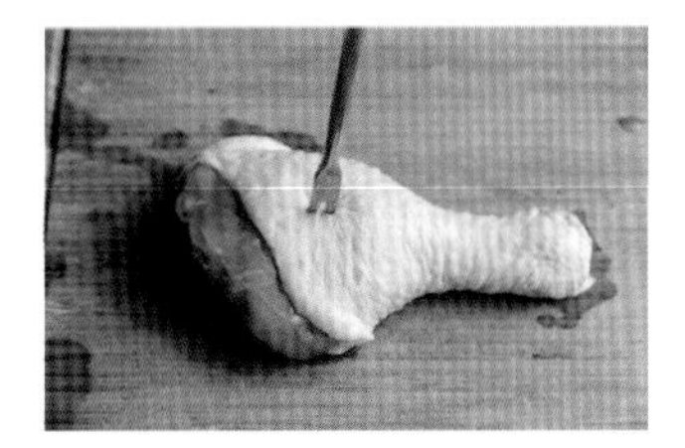

① 用尖锐的叉子在鸡腿表面扎些小孔，以加速入味。

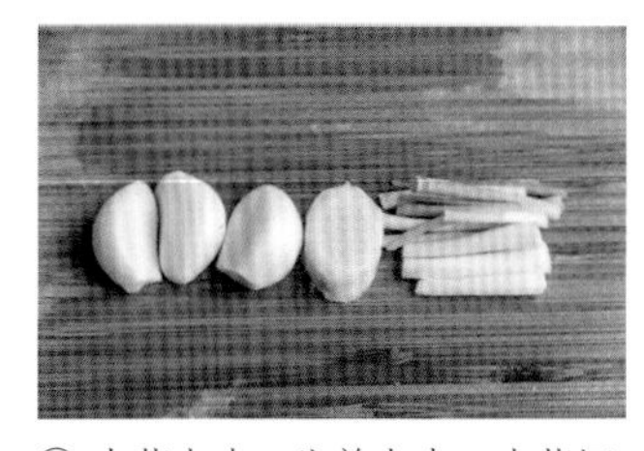

② 大蒜去皮，生姜去皮，小葱切成段。

③ 葱段、生姜和 3 瓣大蒜放入容器内。

④ 加入盐 1/2 小勺。

⑤ 加入白糖 1/2 小勺。

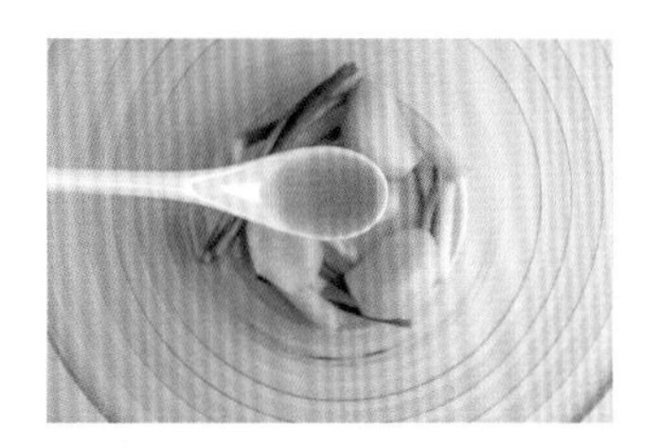

⑥ 加入料酒 1 小勺。

⑦ 加入水 50 毫升。

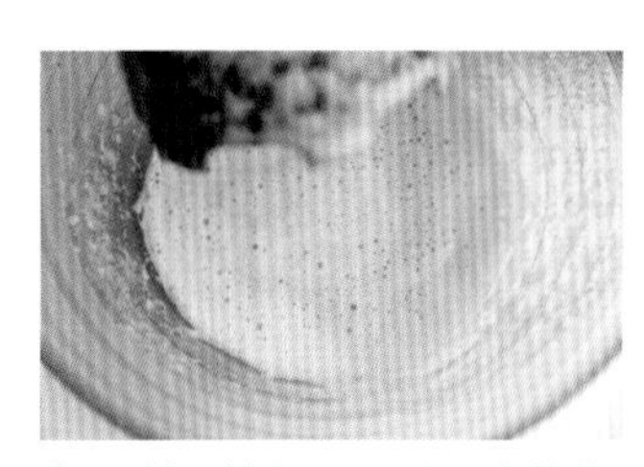

⑧ 用料理棒打成细腻的液体状，即为腌料。

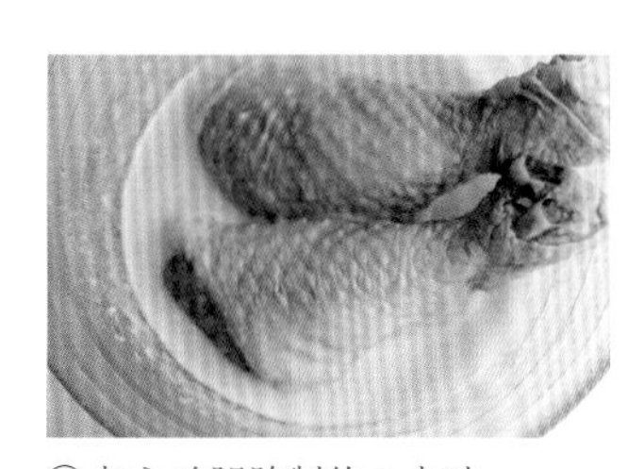

⑨ 加入鸡腿腌制约 2 小时。

⑩ 低筋面粉 1/4 杯、吉士粉 1/4 杯、玉米淀粉 1/4 杯放入容器内。

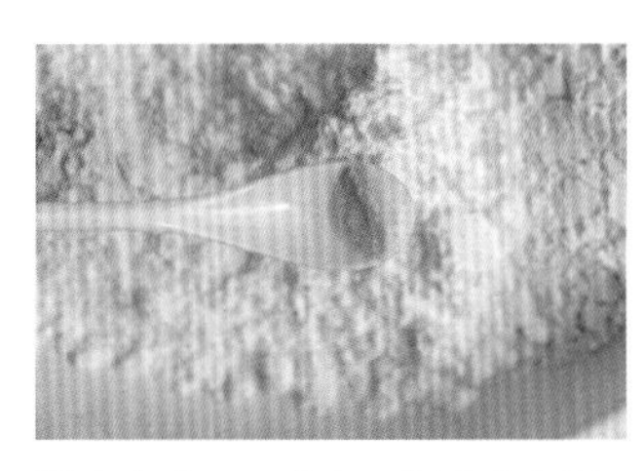

⑪ 加入盐 1/4 小勺，混合均匀后即为炸粉，备用。

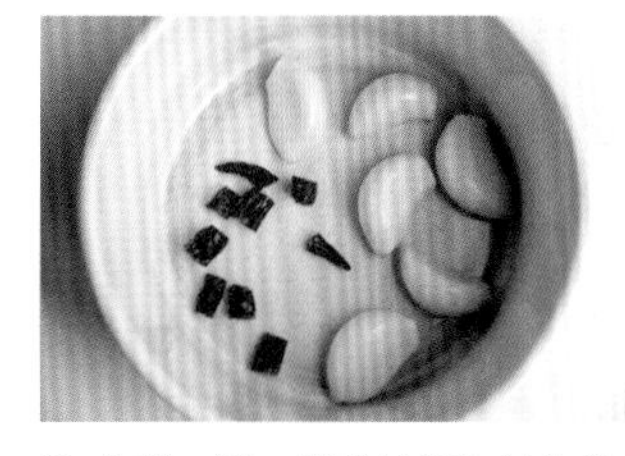

⑫ 大蒜 6 瓣、剪碎的干红辣椒放入容器内。

⑬ 加入白糖 1 大勺。

⑭ 加入陈醋 1/2 小勺。

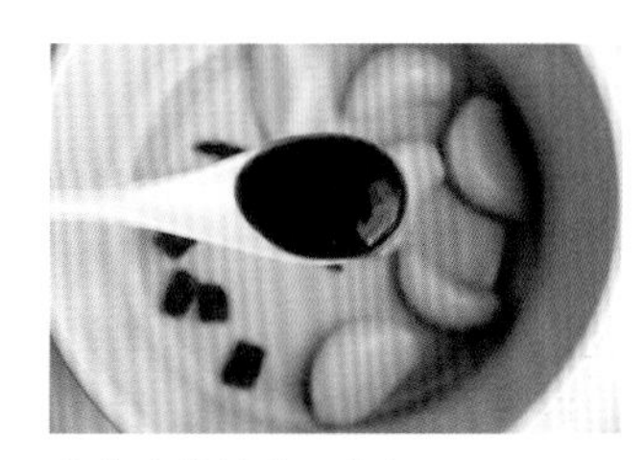

⑮ 加入酱油膏 5 小勺。

⑯ 加入番茄酱 4 大勺。

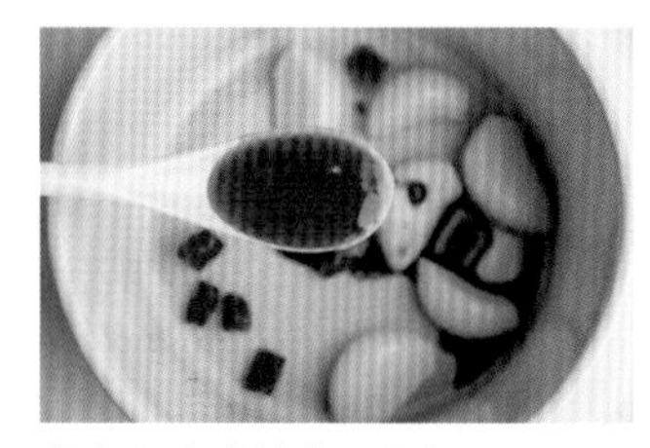

⑰ 加入泰式辣酱 1 小勺。

⑱ 加入辣椒油 1/4 小勺。

⑲ 用料理棒打成均匀细腻的糊状，即为五味酱。

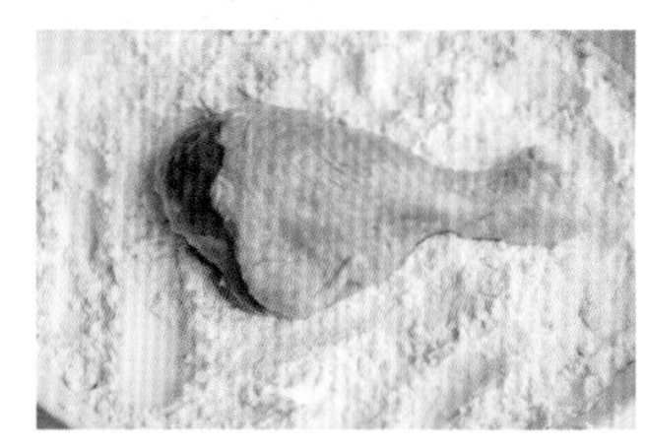

⑳ 腌制好的鸡腿在表面蘸满炸粉。

㉑ 鸡腿再次放回腌料中，在表面蘸满一层液体。

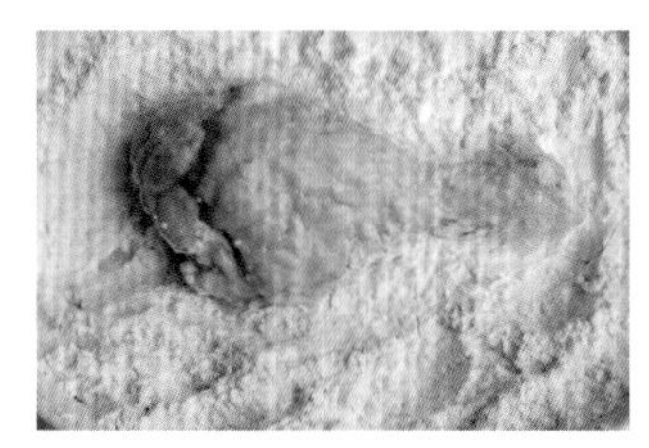

㉒ 鸡腿重新放入炸粉中，再次裹满表面。

㉓ 锅内加入较多油，加热至约 180℃，将鸡腿放入，中火炸 8 ～ 10 分钟至表面金黄色；装盘后搭配五味酱蘸食即可。

贴士

1. 材料与过程看似繁复，其实并非如此，先制作腌料让鸡腿入味，等待的同时制作炸粉与蘸料，等到腌制完成将鸡腿炸熟。
2. 低筋面粉是用来制作蛋糕与饼干的面粉，由于面粉的筋度低，口感更为膨松，用来制作炸粉也是同理。
3. 吉士粉是一种香料粉，有浓郁的奶香味，若不易购得，可用低筋面粉代替。
4. 鸡腿肉质紧实，不易入味，用尖锐的叉子扎孔，可以帮助加速入味。
5. 如果有时间事先准备，可隔夜先制作好五味酱冷藏一晚，口感更佳。
6. 鸡腿先裹一层炸粉，再裹一层腌料，最后再次裹一层炸粉，如此操作可以使鸡腿炸好后有一层饱满而香脆的外壳，所以要裹两次粉。
7. 鸡腿炸制需要比较长的时间，一般在 8 ～ 10 分钟，火力勿过大，以免表面焦黑内部还未熟透。

8. 红酒炖羊排

中式材料［羊排］& 西式材料［红酒］

一杯红酒很容易让人产生美食之外的浮想，血色晶莹的液体透过不同的光线折射出或深或浅的红色，或妖艳魅惑，或清丽温柔。盯着红酒发呆，轻易就坠入了血红色的幻境，有几分迷离，有几分沉醉，更有几分不愿清醒。

红酒的气质很独特，雅时尊贵无比，再高尚的场合里一样冷艳孤傲；俗时毫无姿态，没有脾气任凭处置。这也算是雅俗共赏的典范，配合着持酒人的态度，转换着或冷或热的气息。拿红酒入菜，算不上雅事，基本落入俗流，不过留有酒味余香的食物，就又是清新脱俗的了。

羊排用红酒来炖，久煮之后，少了酒精浓烈的刺激，余下的是一片温润，诱惑难挡。用红酒煮羊排，除了口感上的别致外，浓郁的酒香正好发挥去膻的作用，肉质里多了几分酒味，食起来全无异味之虞。

食　材　羊排 500 克　生姜 1 小块　小葱 2 根　胡萝卜 1 根　土豆 1 个　洋葱 1 个　山楂 3 克

调　料　红酒 150 毫升　芫荽籽 2 克　香叶 2 片　生抽 1 大勺　老抽 1 小勺　盐 1/4 小勺　冰糖 10 克

锅　具　汤锅　铸铁锅

制作过程

① 生姜去皮切片；小葱切段。

② 芫荽籽、香叶、山楂、一半量的生姜放入茶包内。

③ 羊排切小块，土豆、洋葱、胡萝卜切块。

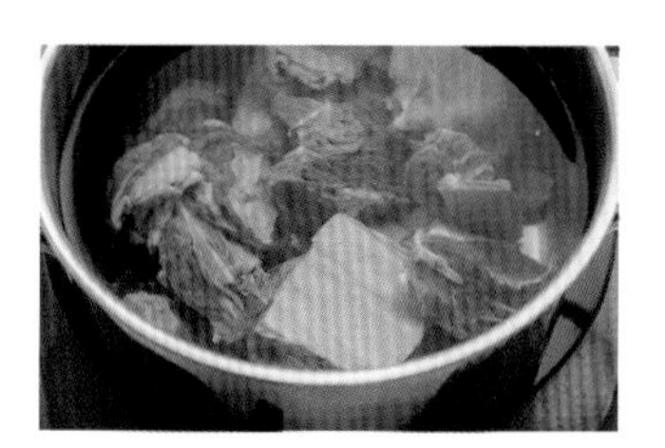

④ 羊排放入装满冷水的锅中。

⑤ 加入姜片和葱段，大火煮开至血沫浮出，关火后倒出羊排，在流水中冲洗干净。

⑥ 洗净的羊排放入铸铁锅内。

⑦ 加入装有香料的茶包。

⑧ 加入红酒 150 毫升。

⑨ 加入水，基本淹没过羊排。

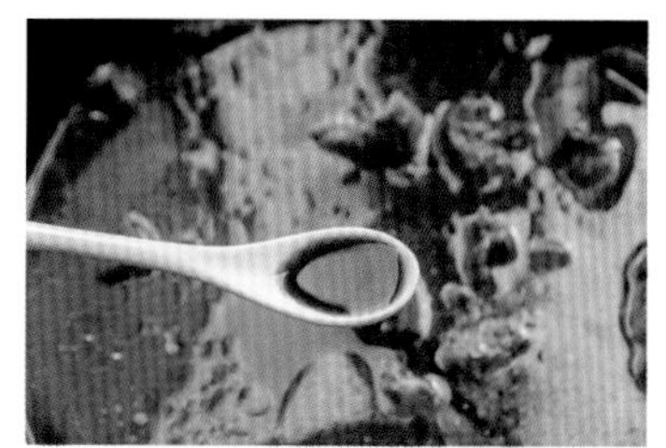
⑩ 加入生抽 1 大勺。

⑪ 加入老抽 1 小勺。

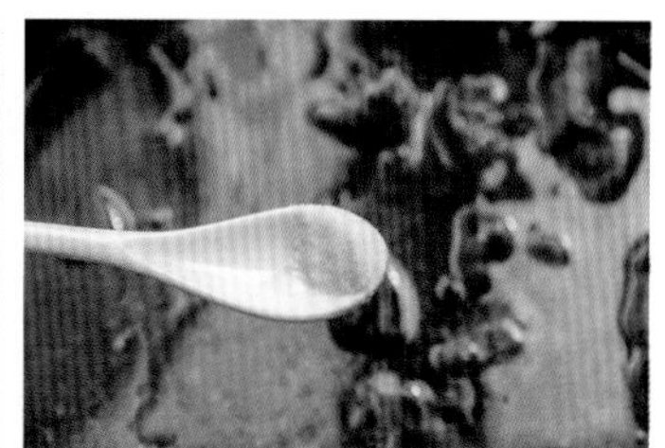
⑫ 加入盐 1/4 小勺。

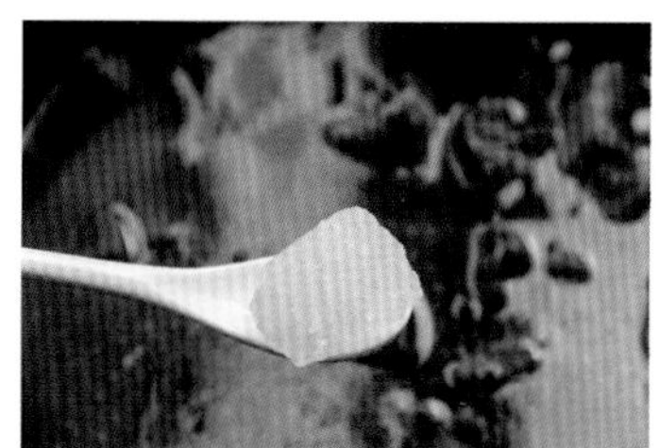
⑬ 加入冰糖 10 克；加盖，大火煮开，转中火炖煮约 90 分钟至羊排酥软。

⑭ 加入土豆、洋葱、胡萝卜，继续炖煮约 20 分钟即可。

贴士

1. 芫荽籽就是香菜的籽，可以为羊肉去味增香，也可不添加。
2. 如果香料体形较小不易拣出，茶包是极好的助手，既能煮出香料的味道，又不会散落在菜肴中。
3. 羊肉需先汆水煮出浮沫，洗净后再炖煮，可有助去除膻味。
4. 红酒的主要作用是增香，也可使羊肉更易煮软，适量添加即可；如果喜欢羊肉里有明显的酒香，也可多添加。
5. 老抽是让菜肴上色的，少量添加即可。
6. 羊肉酥软后再加入蔬菜，太早加入会过熟失形。

9. 桂花肉配蜂蜜芥末酱 中式材料 [里脊肉] & 西式材料 [法式黄芥末]

对于食物的情结有很多种，不同的阶段，不同的心境，都会产生各种不一般的情愫。不会做菜的时候，更偏重对口味的追求，一听说哪个食府的招牌菜是自己爱吃的，立刻不远万里赶去一尝为快。自己会些烹饪的时候，更爱追求模仿与创新，模仿曾经品尝过的深刻记忆，不时发挥些天马行空的想象，将传统扮靓一番。

桂花肉是道传统菜肴，嫩嫩的里脊肉片裹上面糊，在油锅里炸成金黄色，吃时蘸点椒盐已是无限好味。但自从自己开始下厨，除了模仿，也开始琢磨着新口味的尝试。桂花肉本身无须改动，控制好油温与时间就能炸出一锅子的金黄酥脆，配食椒盐略显单薄了些，换点西洋味浓郁的蜂蜜芥末酱，也算是把经典推向了重生。蜂蜜芥末酱里的主料是法式黄芥末，黄芥末的口感更趋于温和，直接用来涂抹面包也是很不错的搭配，配着炸得香酥的桂花肉，更是超越传统后的新颖别致。

食　材　里脊肉 300 克　小葱 2 根　生姜 1 小块　酸黄瓜 1 根　鸡蛋 2 个（约 100 克）

调　料　法式黄芥末 2 大勺　色拉酱 2 大勺　玉米淀粉 80 克　盐 1/4 + 1/4 小勺　生抽 1/2 小勺　米酒 1 小勺　蜂蜜 1 大勺

锅　具　平底煎锅

制作过程

① 里脊肉切片；生姜去皮，切丝；小葱切段。

② 酸黄瓜切末。

③ 里脊肉片内加入盐 1/4 小勺。

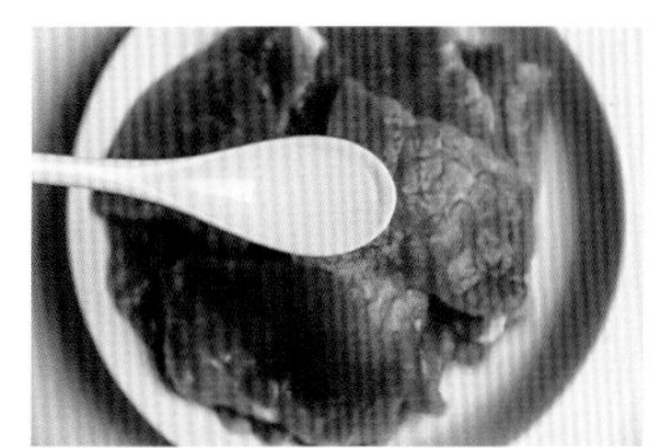

④ 加入米酒 1 小勺。

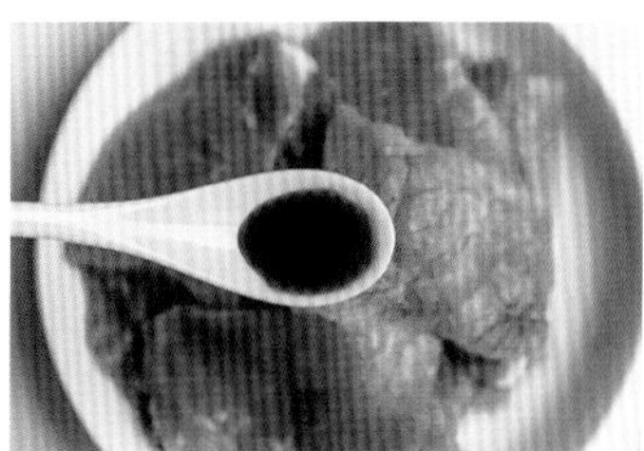

⑤ 加入生抽 1/2 小勺。

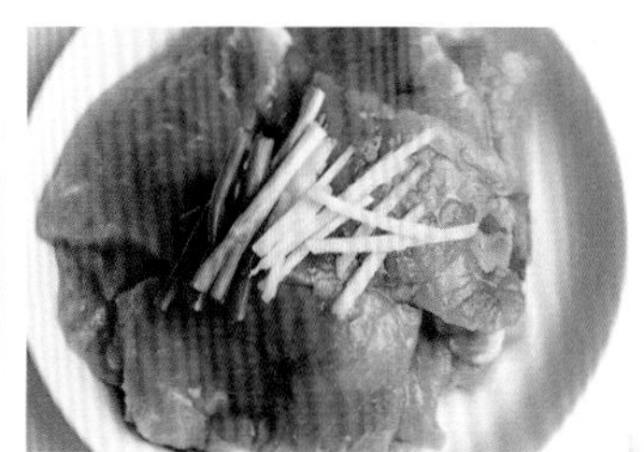

⑥ 加入生姜和小葱，拌匀后腌制 20 分钟。

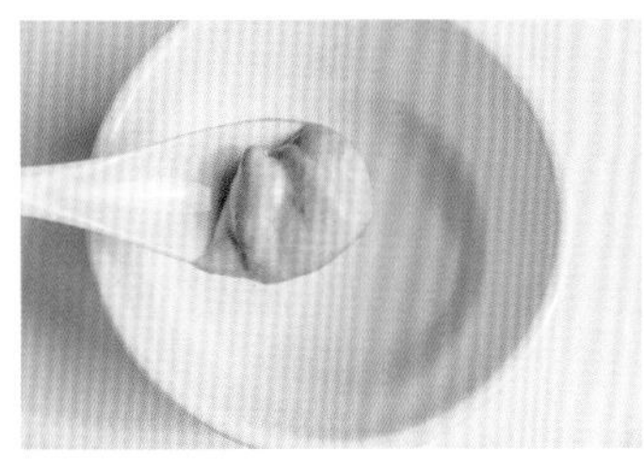

⑦ 黄芥末 2 大勺，加入容器内。

⑧ 加入色拉酱 2 大勺。

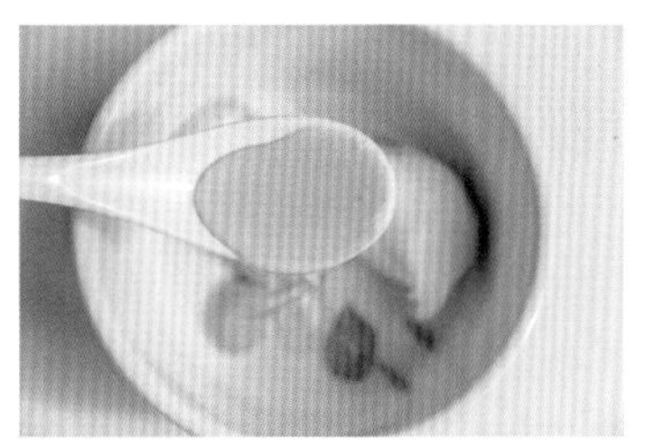

⑨ 加入蜂蜜 1 大勺。

⑩ 加入酸黄瓜末拌匀，即为蜂蜜芥末酱。

⑪ 鸡蛋打散成蛋液。

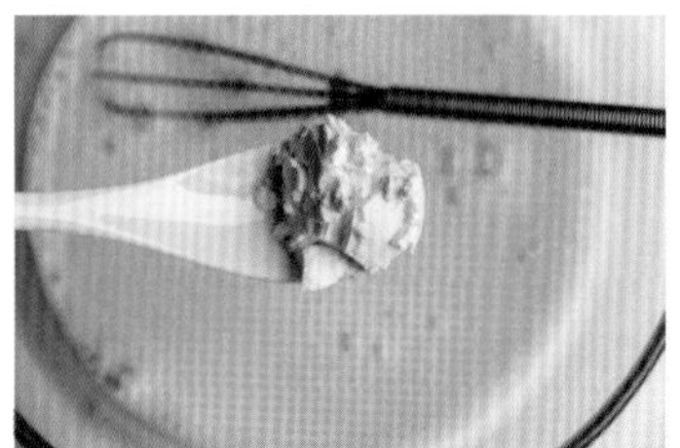

⑫ 加入玉米淀粉 80 克。

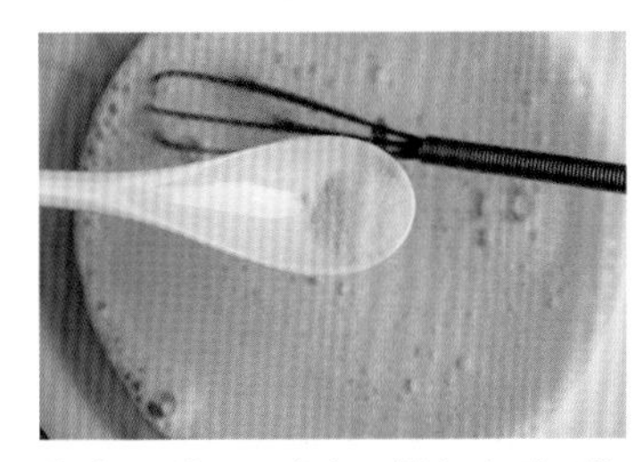

⑬ 加入盐 1/4 小勺，搅匀成无颗粒的糊状，即为炸糊。

⑭ 腌制完成的里脊肉片放入炸糊中蘸匀。

⑮ 锅内加入较多油，加热至约 180℃，放入里脊肉片炸约 3 分钟至表面金黄色出锅；装盘后配上蜂蜜芥末酱蘸食即可。

贴士

1. 玉米淀粉做炸糊可以使桂花肉的外壳松脆，也可用低筋面粉代替。
2. 市售的色拉酱有两种味型，一种偏酸，一种偏甜，这里推荐偏甜口感的色拉酱，制成后的蜂蜜芥末酱口感更佳。
3. 里脊肉片炸制的时间不是固定的，与肉片的厚度和炸糊的厚度以及油温都有关系，可从表面的色泽判断，呈金黄色时即已熟透。

10. 橙香烤排骨

中式材料 [肋排] & 西式材料 [柠檬汁]

烤，这种烹饪方式是很具魅力的，火焰的温度直接作用在食材上，中间少了锅具的阻隔，整个过程便散发出原始本色的味道来。特别是烤制油脂丰厚的食材，当油脂渗出后滴落在火焰上，升腾起一股青烟，口水在烟雾升空时便开始汹涌，思路也开始变窄，除了想象烤架上食物的味道，基本已不能再想别的，这大约就是烤的直观魅力吧。

如今烤箱已成为家庭厨房的基本配置，虽逊于明火烤制的直观，但各式食材均能在烤箱里找到合适的温度让自己华丽转身。橙香烤排骨，便是其一。烤排骨，通行的方法总是先腌制入味，然后入炉烤香，我偏爱用橙子腌制。橙子是为数不多可耐得住高温的水果，不过重点不在橙汁而是橙皮。你一定有这样的经验，用手轻轻摩擦橙皮就会留下浓浓的橙香并且经久不散，而橙肉更多的是甜度而非香气，故而两者皆用，一个增了香一个添了甜，十分妥帖。

食　材　肋排 600 克　橙子 1 个

调　料　柠檬汁 1 大勺　盐 1/2 小勺　酱油膏 1 大勺　生抽 3 大勺　米酒 1 小勺　蜂蜜 2 大勺

锅　具　烤箱

制作过程

① 橙子用盐搓洗表面后洗净，用刮刀刮下整个橙子的皮。

② 取 1/2 个橙子榨汁。

③ 排骨切成长约 7 厘米的段。

④ 排骨内加入米酒 1 小勺。

⑤ 加入盐 1/2 小勺。

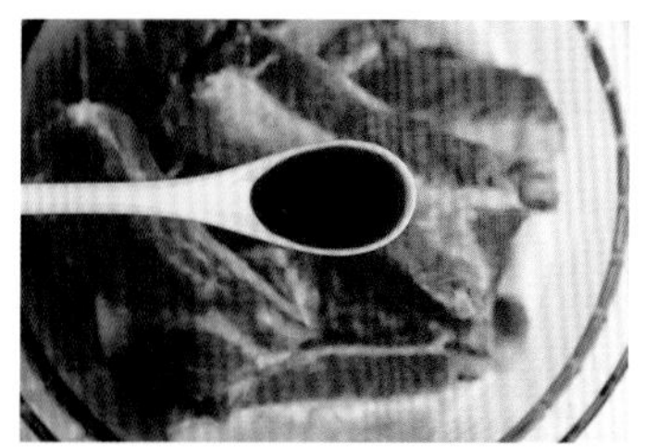

⑥ 加入生抽 3 大勺。

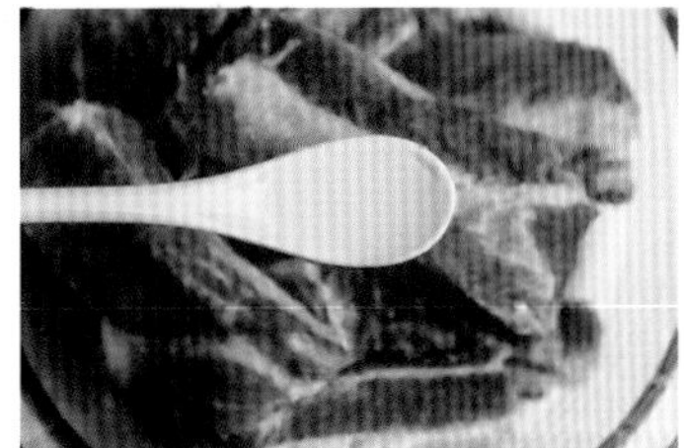

⑦ 加入柠檬汁 1 大勺。

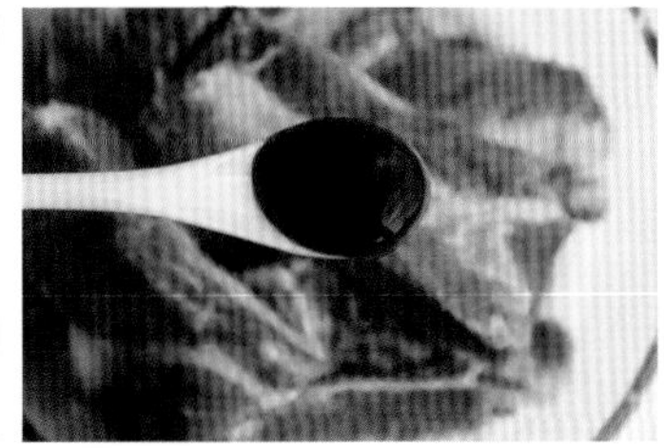

⑧ 加入酱油膏 1 大勺。

⑨ 加入蜂蜜 2 大勺。

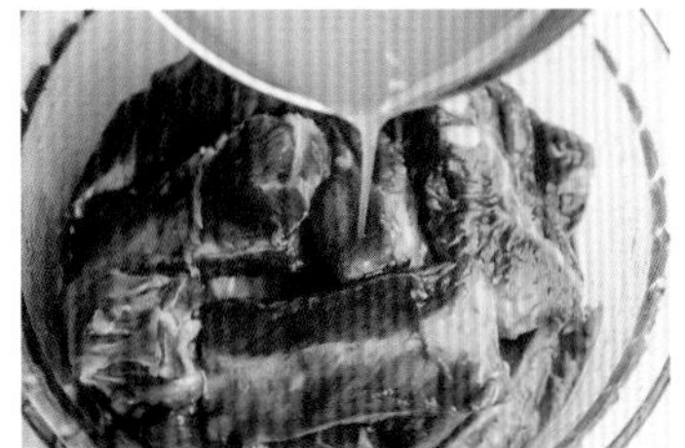

⑩ 加入榨好的橙汁。

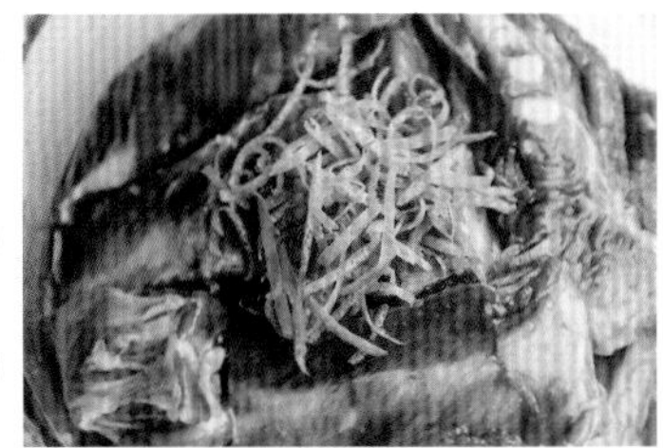

⑪ 加入整个橙子的橙皮。

⑫ 拌匀后盖上保鲜膜，冷藏腌制 4 小时以上。

⑬ 腌制完成的肋排放在铺了锡纸的烤盘上。

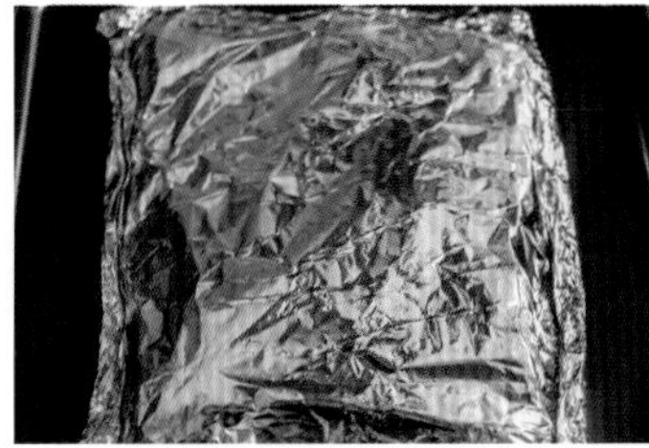

⑭ 另取一张锡纸将排骨包裹，四周捏合；放入预热 200℃的烤箱，烤制 20 分钟。

⑮ 取出后去除锡纸，将排骨移入烤架上。

⑯ 排骨的表面刷上一层腌制时的腌料，再次放入预热 180℃的烤箱，烤约 20 分钟即可。

贴士

1. 橙皮是橙味浓郁的关键，在刮取时要留心不要刮到白色部分，否则会有苦涩的口感；用盐用力搓洗橙子表面后洗净，就可放心使用了。
2. 肋排的腌制至少需要 4 小时才能入味，如果有时间，可提早腌制，隔日烤制，口感更佳。
3. 柠檬汁与橙汁共同使用可增加排骨的香味，也可省略柠檬汁。
4. 先包裹锡纸烤熟，再去除锡纸烤香，可避免长时间烤制使排骨的水分大量丧失，造成干硬的口感。
5. 腌制排骨的腌料，可在最后烤制时用来刷表面，起到上色增味的作用。

11. 酒酿炖牛腩

中式材料［酒酿］& 西式材料［牛腩］

酒席上的压轴点心通常都是酒酿小圆子，糯糯的小圆子浸在香甜的酒酿汤里，吃时只觉得软糯润腴，回味却有淡雅悠长的酒香。酒酿大抵可以算是温润的，似酒非酒，有酒香却也不会轻易把人醉倒，除了汤汁带着酒的芳香，里头的糯米更是集中了甜度与微酸的酒气，湿润润地直接舀一勺入口，会有一种直抵胃中的微小刺激，口中也会即刻升腾起满嘴的玲珑香气，许久不散。

用酒酿来炖牛腩，也是一番别致的好味道。牛腩是牛肉中脂肪丰厚的部分，我常用来煮罗宋汤，不过西式的做法比较偏向厚重，多食了就有些腻。换上清新的酒酿配牛腩，一来化解了牛腩的肥腻，二来也借助酒酿的甜度，满足了江南人爱食甜的习惯。酒酿是糯米加入酒曲发酵而成的，会产生低量的酒精度，正是这点酒味，可以帮助牛肉更易煮酥软，所以经过酒酿催化过的牛腩，会是一番软糯丰腴的光景。

食　材　牛腩 300 克　酒酿 1 小碗　番茄 1 个　洋葱 1/2 个　小葱 2 根　生姜 1 小块　大蒜 4 瓣　小红辣椒 3 个

调　料　豆瓣酱 2 大勺　生抽 1 大勺　老抽 1 小勺　冰糖 10 克　料酒 1 小勺　芝麻油 1 小勺

锅　具　汤锅　平底煎锅

制作过程

① 牛腩切块。

② 生姜去皮切片，小葱切段，大蒜去皮后用刀压碎，番茄去皮切块，洋葱切块。

③ 牛腩放入装满冷水的锅中。

④ 加入料酒 1 小勺，大火煮开至血沫浮起，捞出，在流动的水中冲洗干净。

⑤ 锅内加热，入少许油，加入姜片、葱段、大蒜爆香。

⑥ 加入洗净的牛腩。

⑦ 加入豆瓣酱 2 大勺，翻炒均匀。

⑧ 加入番茄和洋葱。

⑨ 加入酒酿 1 小碗。

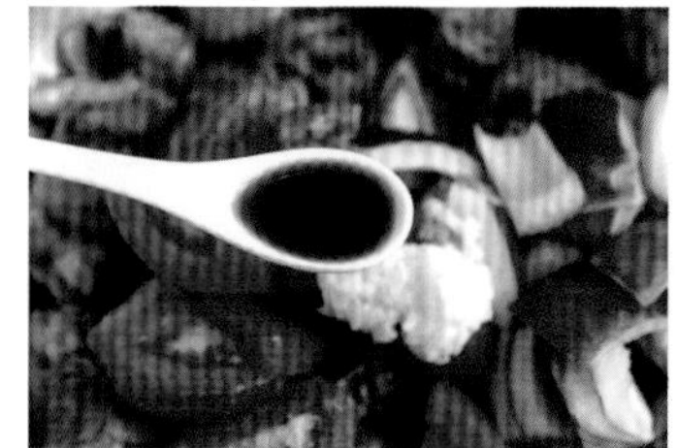

⑩ 加入生抽 1 大勺。

⑪ 加入老抽 1 小勺。

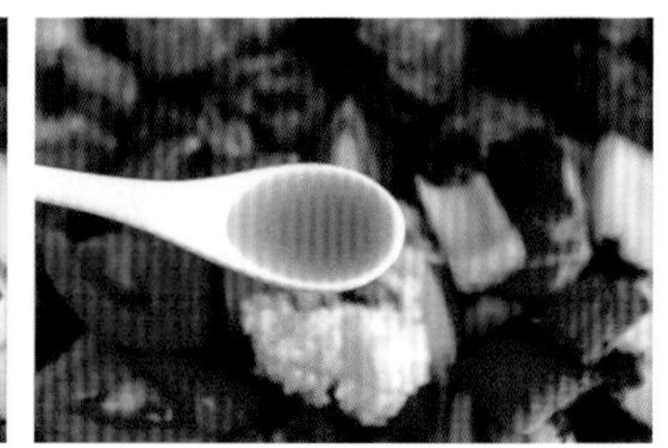

⑫ 加入芝麻油 1 小勺。

⑬ 加入冰糖 10 克。

⑭ 加入水，基本淹过食材。

⑮ 加入 3 个小红辣椒；加盖后大火煮开，转中小火炖煮约 90 分钟，至牛肉酥软即可。

贴士

1. 肉食类在氽水时要用冷水，否则血沫不会煮出，无法去除腥味。
2. 番茄去皮最简便的方法就是，将番茄用叉子叉好，置于炉火上烤几秒钟，番茄的皮会自动爆开，轻轻一揭即可除去。
3. 这道菜没有额外添加盐，因为豆瓣酱和生抽都能带来足够的咸味。
4. 酒酿的甜度会有不同，冰糖可先不加入，视情况酌量添加。
5. 牛腩不易煮软，可延长炖煮的时间，等到脂肪开始软化，肉质变酥软，口感更佳。

12. 迷迭香猪排

中式材料 [猪排] & 西式材料 [新鲜迷迭香]

看外国人做菜，印象深刻的就是大把的香草，无论做哪种类型的菜，总少不了要将弄碎了的香草一起入菜。种类繁多的香草，生生就把人的食欲勾起。香草入菜也非总得选择西式的主材，换做平日最家常的猪排也是一番可人的别致。猪排锤松后撒上迷迭香和盐，再加点橄榄油，等腌入味了再煎熟。加了迷迭香的猪排吃起来有股异香，又因是煎熟的，所以依然保持鲜嫩，趁热切开，还有些肉汁渗出，既嫩又香，十分好吃。

迷迭香的花语是回忆，闻起来浓香醉人，用它在厨房里展现温情，再合适不过了。在阳光灿烂的下午，围上围裙，摘一把迷迭香在手，演绎属于你自己的美食情怀吧。

食　材　去骨猪大排 270 克　新鲜迷迭香 1 克

调　料　橄榄油 3 大勺　干白葡萄酒 1 大勺　盐 1/2 小勺　淀粉 2 小勺　水 1 大勺　研磨胡椒少许

锅　具　平底煎锅

制作过程

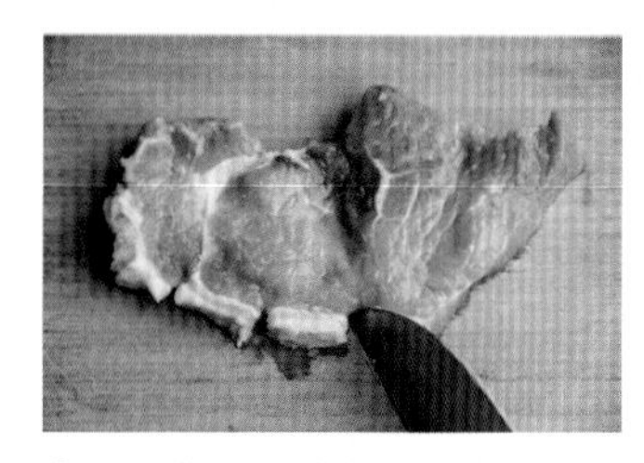
① 在猪排肥肉连接的部分，用刀尖轻轻切出几个小口。

② 用松肉锤将猪排锤打至 1.5 ～ 2 倍大。

③ 迷迭香摘取叶子。

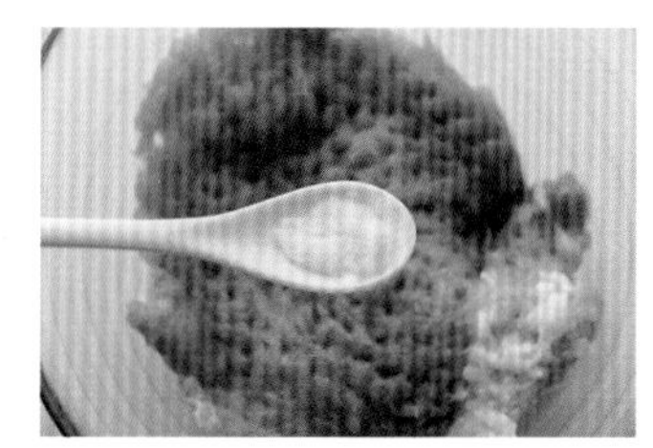
④ 锤松的猪排加入盐 1/2 小勺。

⑤ 加入干白葡萄酒 1 大勺。

⑥ 加入水 1 大勺，用手轻捏至水分完全被猪排吸收。

⑦ 加入淀粉 2 小勺。

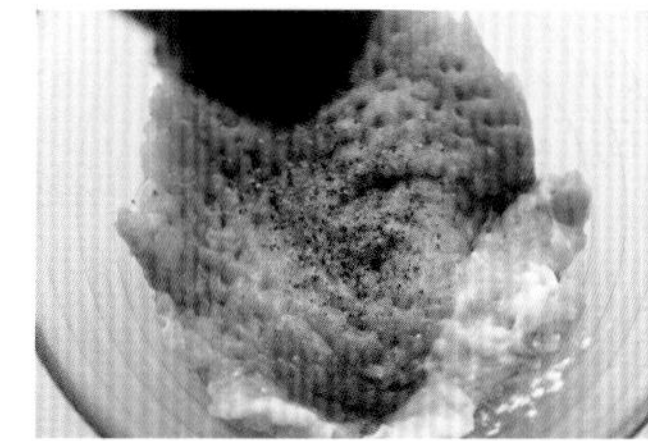
⑧ 磨入少许胡椒，继续用手捏匀。

⑨ 加入迷迭香。

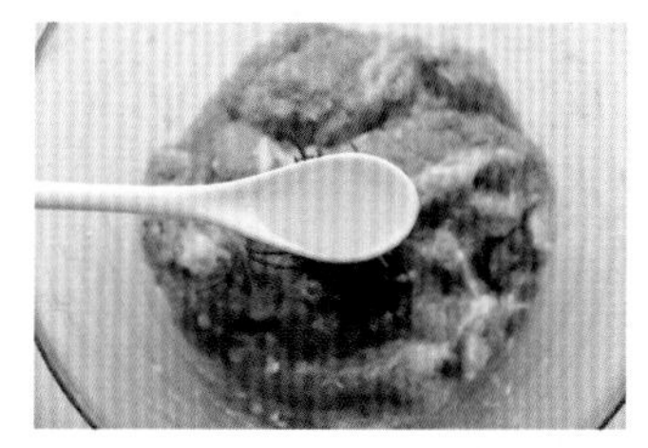
⑩ 加入橄榄油 1 大勺，再次捏匀，腌制 30 分钟。

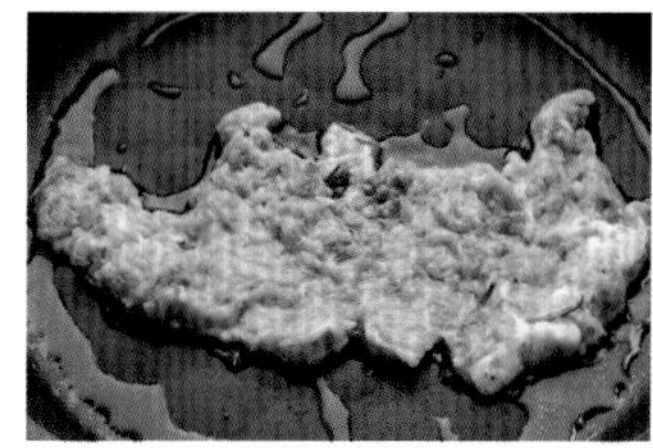
⑪ 平底锅内加入橄榄油 2 大勺，放入猪排，中火煎制。

⑫ 等到猪排一面变色后再翻面，继续煎至完全变色，轻压有弹性即可。

贴士

1. 迷迭香虽香气浓郁，但有镇静和麻醉的功效，勿过量添加。
2. 将猪排肥瘦连接部分割断，可防止猪排在煎制的过程中回缩拱起。
3. 猪排用松肉锤锤打，可以使纤维断裂，成就鲜嫩的口感；如果没有松肉锤，可用刀背锤打，效果接近。
4. 腌制猪排的时候加入水，是因为在捶打的过程中会丧失水分，如果不补充水分，猪排就会偏干，口感较差。
5. 煎制猪排时不宜频繁翻面，翻动的次数越多，水分越容易丧失。待一面完全变色后再翻，两面都变色后出锅。

13. 孜然煎法式小羊排

中式材料［孜然］& 西式材料［法式小羊排］

家里的厨房大约是最能张扬个性的地方，只因它无关外人，食物的味道只需满足自己和家人就足矣。至于做饭的过程更可随性而为，没有一种食物有既定不可更改的做法，即使方子出自名家或已历经千年，只管按自己的性情改了就是，只要能让自己满意就无可厚非。喜欢的食物用喜欢的方式演绎，不拘一格，不被束缚，无论美丑也无关艺术，捧着信手拈来的信条将美味烙印上自己的独特，这样洋洋得意的心境，可以很透彻。

厨房里的随手而为常常会创造出经典的味道，法式小羊排也可如此。好吃的食物无非就是上佳的食材配上合适的调味，小羊排的鲜嫩配上浓香的孜然便是混搭后的相互提升。腌制羊排时加入孜然粉与孜然粒，双重的孜然使味道更为突出，改变了小羊排的腥膻味型，重新赋予了小羊排浓烈的香气。两者结合，没有相互的制约与隔阂，有的只是水乳交融般的恰到好处。

食　材　法式小羊排3片（约200克）　小葱2根　大蒜2瓣　生姜1小块

调　料　盐1/4小勺　白糖1/2小勺　甜面酱1大勺　酱油膏1大勺　料酒2小勺　孜然粉1/2小勺　孜然粒1/2小勺　辣椒粉1/4小勺

锅　具　平底煎锅

制作过程

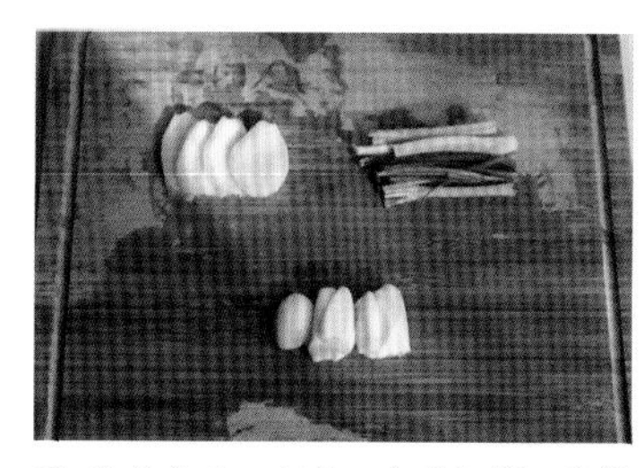

① 生姜去皮，切片；小葱切段；大蒜去皮。

② 小羊排、生姜、小葱、大蒜放入容器内。

③ 加入盐 1/4 小勺。

④ 加入白糖 1/2 小勺

⑤ 加入料酒 2 小勺。

⑥ 加入甜面酱 1 大勺。

⑦ 加入酱油膏 1 大勺。

⑧ 加入孜然粒 1/2 小勺。

⑨ 加入孜然粉 1/2 小勺。

⑩ 加入辣椒粉 1/4 小勺，翻拌均匀后盖上保鲜膜，冷藏腌制 4 小时以上。

⑪ 加热平底锅至手心感到灼热的程度，放入羊排煎制；一面完全变色后再翻面，继续煎至羊排完全变色且肉质有弹性时出锅。

贴士

1. 腌制羊排的调料都是地道的中式调料，所以成品是十足的中国味道，只是采用法式小羊排为主材，有了些异国风味。
2. 使用孜然粉的同时再添加孜然粒，可以使味道更为浓郁，也可只使用一种。
3. 煎制羊排时，煎锅要足够热才可迅速锁住水分，所以需要耐心等待加热空锅的过程。

14. 西式炖牛肉

中式材料［牛肉］& 西式材料［黄油］

总觉得一切感受如果与“浓”有关，那就是美好而绚烂的。浓浓的爱意，浓浓的秋日阳光，浓香的咖啡，浓郁的酒香，浓稠的菜肴，“浓”带来的感受是强烈的，其中掩藏着最深厚的温柔。在浓浓的午后阳光下，靠着心爱的人儿，厨房里的小火炖着爱吃的菜肴，时不时飘来阵阵浓香，心里弥漫的定是那浓得化不开的幸福。

西式炖牛肉，就是一款有着浓稠汤汁和浓郁香气的菜肴，成品的汤汁十分醇厚，牛肉和蔬菜的香气全部都在汤中体现。要炖出浓稠的汤汁，除了要多花些时间，还有一种方式：加入用黄油和面粉炒成的面粉糊。用黄油将面粉炒成浓香的糊状，再加入牛肉中炖煮，可以使汤汁迅速浓稠，而且不只是浓稠，更增加了浓香。这种增稠的方式是西式菜肴里常见的，这和我们中式菜肴里的勾芡有些相似，但因用的是黄油与面粉，在口感上更能为菜肴提香。

一、中西合璧之肉香扑鼻

食 材 牛腩 700 克　小葱 2 根　大蒜 5 瓣　生姜 1 小块　番茄 1 个　西芹 2 根　胡萝卜 1 根　山药 1 段　洋葱 1 个　面粉 25 克

调 料 黄油 25 克　红葡萄酒 1/2 杯　盐 1 小勺　白糖 1/4 小勺　高汤块 1 块　研磨胡椒少许

锅 具 平底煎锅　汤锅

制作过程

① 牛腩切块；生姜去皮，切片；大蒜去皮，切片；小葱切段。

② 西芹先用刨刀刨去表层后切斜片；胡萝卜切块；洋葱切块；山药切块。

③ 番茄去皮后用料理机打成番茄汁。

④ 牛肉放入装满冷水的汤锅中，加入姜片和葱段，大火煮开至血沫浮起，捞出后在流动的水中冲净。

⑤ 平底煎锅加热，入少许油，加入蒜片爆香。

⑥ 加入牛腩。

⑦ 加入番茄汁。

⑧ 加入红葡萄酒 1/2 杯。

⑨ 加入洋葱。

⑩ 加入高汤块。

⑪ 加入水，基本淹过食材；加盖，大火煮开，转中小火炖煮约 90 分钟至牛腩酥软。

⑫ 牛肉炖软后加入西芹、胡萝卜、山药。

⑬ 加入盐 1 小勺。

⑭ 加入白糖 1/4 小勺。

⑮ 磨入少许胡椒，继续炖煮约 20 分钟至蔬菜熟软。

⑯ 黄油 25 克放入锅中，开小火融化。

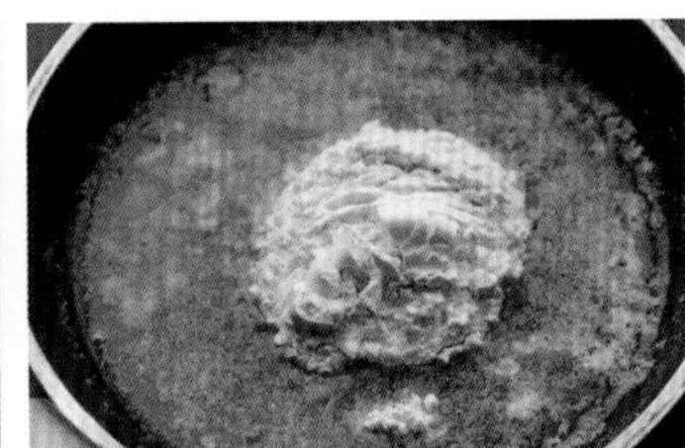

⑰ 加入面粉 25 克。

⑱ 拌匀后继续小火煮至咖啡色，期间需不时搅拌，以免焦煳。

⑲ 煮好的面粉黄油倒入牛腩中，边倒边搅拌，至汤汁浓稠出锅即可。

贴士

1. 番茄用料理机打成汁可以快速煮出味道，此步骤可以简化，直接加入去皮切块的番茄即可。
2. 这里使用的是有咸味的高汤块，如果使用无咸味的，可先将盐放入再炖煮牛肉。
3. 融化黄油时需用小火，否则易焦；加入面粉后需不时搅拌，否则易焦煳粘底。
4. 黄油面粉的作用是增稠，近似于我们中式菜肴中的勾芡，故加入时要边倒边搅，以免结块；加入的量也可根据喜好调节，喜欢浓稠的多加一些，反之亦然。

15. 三杯牛仔骨

中式材料［米酒］& 西式材料［牛仔骨］

上海人多数都爱浓油赤酱的口味，这是从骨子里透出的喜好，许久不食便会有种说不清的不自在。酱油与糖的简单结合，成就了浓咸浓甜的滋味，咸中带着甜的柔和，甜中带着咸的激烈，两种冲突的背后却是无限的痴缠与融洽。酱油若是失了糖的增色，怎样都是一副清汤寡水的单薄，引不起食欲；糖若不与酱油为伍，苍白无力是显而易见的。两种本是对立的味道一经相容，反倒勾起人们无限的欲望。

浓油赤酱的菜肴除了上海特色的本帮菜之外，也与盛行于台湾菜馆的三杯鸡有异曲同工之妙。三杯其实是一种做法，一杯米酒，一杯酱油，外加一杯芝麻油，用这三种基础原料来熬煮食材。三杯鸡虽是最出名的三杯菜之一，但用这些基础原料来烹饪其他食材一样是经典的口味，比如用来烹饪牛仔骨。牛仔骨大多时候被用来烧烤或是用黑椒汁来烹饪，换成三杯方式便是浓油赤酱的另一种风味。

食　材　牛仔骨 200 克　新鲜罗勒 50 克　干红辣椒 1 个

调　料　盐 1/8 小勺　芝麻油 3 大勺　米酒 1 小勺＋4 大勺　生抽 2 大勺　老抽 2 小勺　白糖 2 大勺　白胡椒粉 1/8 小勺　研磨胡椒少许

锅　具　平底煎锅

制作过程

① 罗勒摘取嫩叶，粗壮的茎部不用。

② 牛仔骨加入盐 1/8 小勺。

③ 加入米酒 1 小勺。

④ 磨入少许胡椒，拌匀后腌制 20 分钟左右。

⑤ 平底煎锅加热，入少许油，放入牛仔骨煎制。

⑥ 一面变色后立即翻面，一旦变色后立刻出锅，备用。

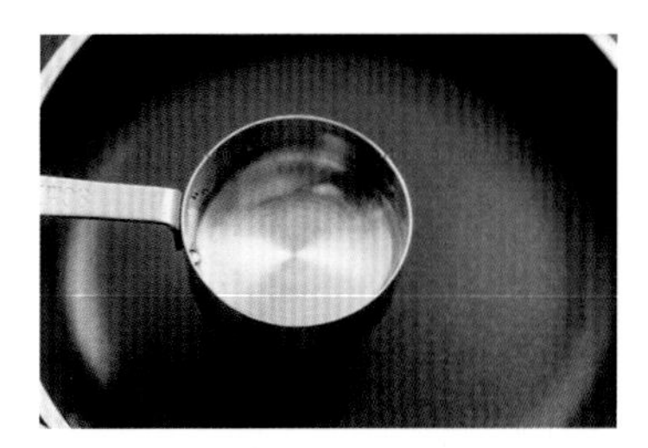

⑦ 另取一平底煎锅，加入米酒 4 大勺。

⑧ 加入生抽 2 大勺。

⑨ 加入芝麻油 3 大勺。

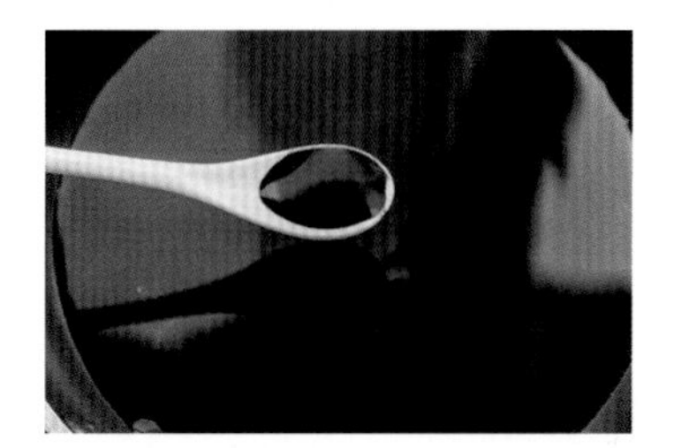

⑩ 加入老抽 2 小勺。

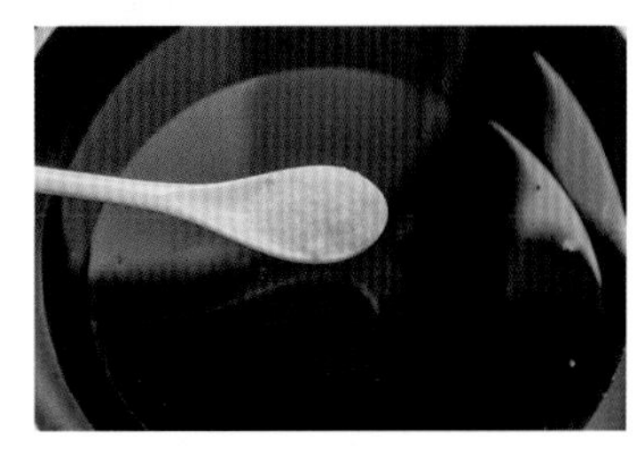

⑪ 加入白糖 2 大勺。

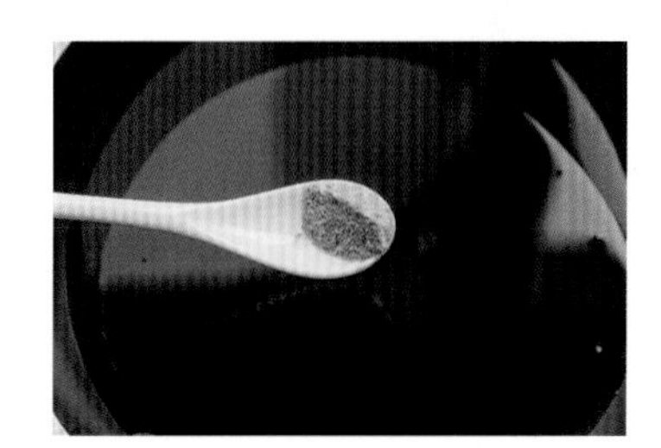

⑫ 加入白胡椒粉 1/8 小勺。

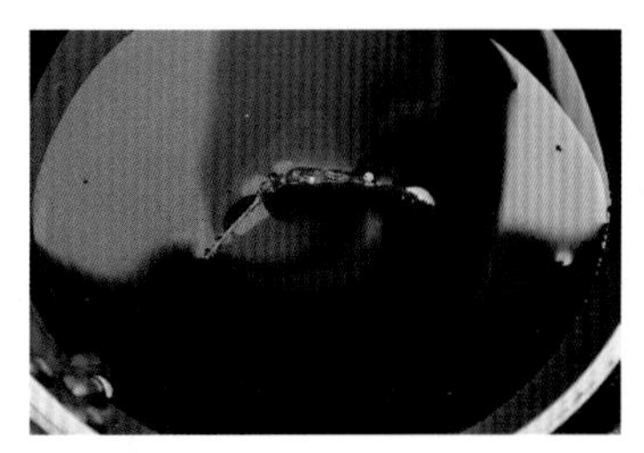

⑬ 加入干红辣椒，大火煮至汤汁浓稠。

⑭ 加入牛仔骨煮约 5 分钟。

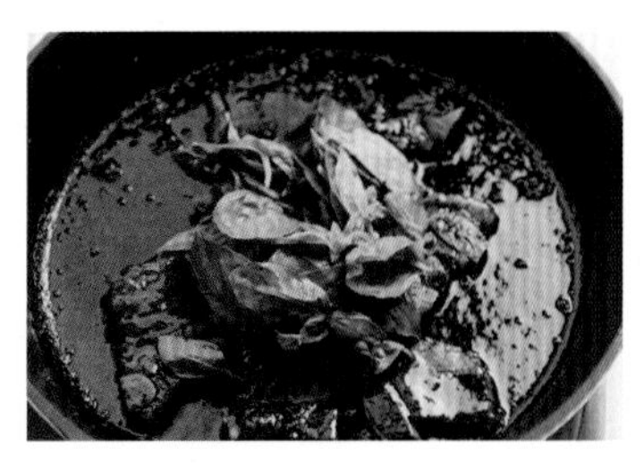

⑮ 加入新鲜罗勒，快速翻匀后出锅即可。

贴士

1. 牛仔骨先煎定型再煮制，可以更好地锁住肉中的水分，也可保持完整的形状。
2. 三杯调料的量可自由调节，不一定要等比例，我更偏爱上述的比例，你也可按照自己的口味适度调整。
3. 罗勒不能久煮，否则香气就会消散，所以加入锅中后应立刻翻拌，即刻出锅，如此才能留住香味。

16. 茄汁爆浆鸡肉丸

中式材料 [鸡腿] & 西式材料 [马苏里拉芝士]

吃包馅儿的食物总是很令人期待的。小心翼翼地咬破外层，期待着内馅儿以一种好吃到夸张的姿态涌入口腔，与味蕾共舞。有馅儿食物的魅力大抵在此。包着馅儿的食物很是内敛，虽知它必有满腹的独特热烈，偏偏只给你看它的淡然外表，待到入得口中，深藏的绵绵滋味奔涌而来，这才由想象转为现实，透彻地捕获了它的全部。

各种带着馅儿的丸子类食物看似工艺复杂，其实动手制作也非想象中的繁琐，至于丸子里的内馅更是看似高难度，实则易如反掌。取一粒芝士丁嵌入搓成团的鸡肉中，再轻轻合拢即可。包了芝士馅心的鸡肉丸，因有马苏里拉芝士的加入而带着十足洋气的比萨腔调，增加了些许层次感。一层酸甜一层鲜嫩，外加一层奶香浓郁，滋味也由此深远了许多。

食 材 鸡腿 500 克　生姜 1 小块　大蒜 2 瓣　马蹄 3 个

调 料 马苏里拉芝士 50 克　盐 1/2 ＋ 1/4 小勺　橄榄油 2 大勺　番茄沙司 3 大勺　白糖 1 大勺　水 5 大勺　研磨胡椒少许

锅 具 平底煎锅　汤锅

制作过程

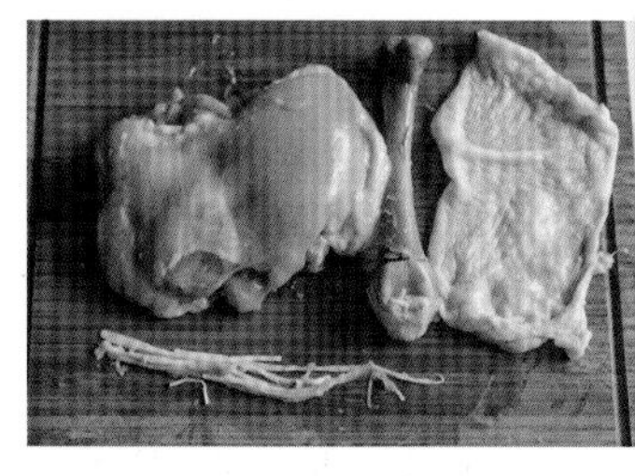

① 鸡腿去骨去皮，取下鸡肉后剔除白色的筋。

② 鸡肉切小块；马蹄去皮，切末；生姜、大蒜切末；马苏里拉芝士切小丁。

③ 鸡肉放入料理机内打成肉糜状。

④ 加入马蹄末、生姜末、大蒜末。

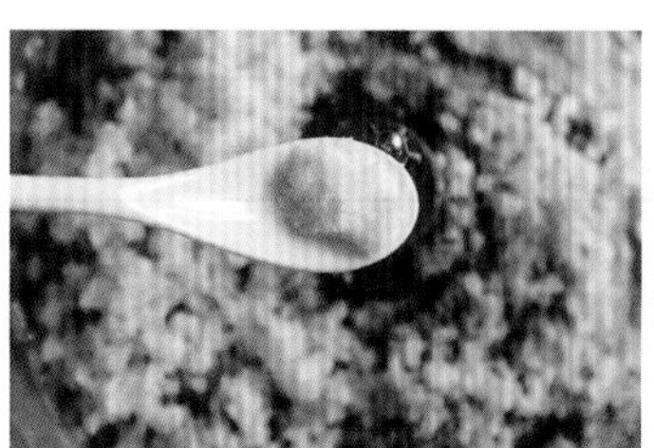

⑤ 加入盐 1/2 小勺。

⑥ 磨入少许胡椒。

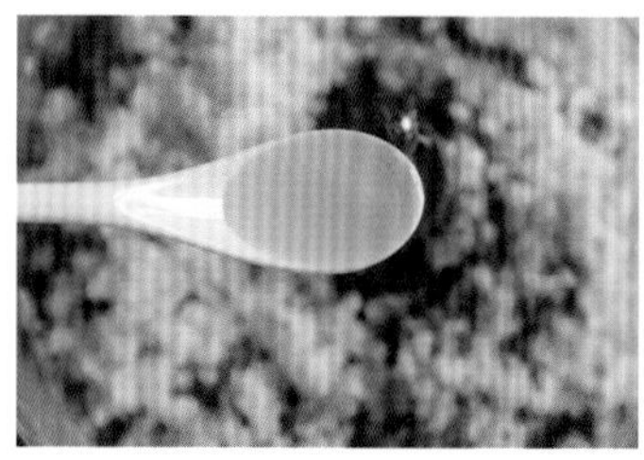

⑦ 加入橄榄油 2 大勺。

⑧ 继续用料理机打匀。

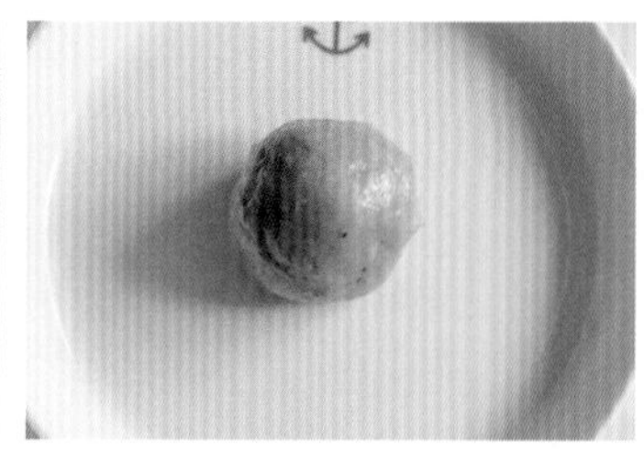

⑨ 取适量鸡肉搓成丸子状。

⑩ 取一小块马苏里拉芝士嵌入鸡肉丸子中。

⑪ 再次搓圆。

⑫ 制成的鸡肉丸子在微沸的水中氽烫至变色后浮起，捞出备用。

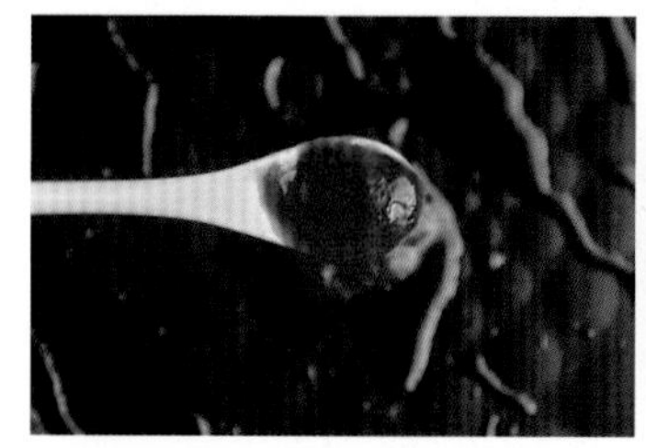

⑬ 平底煎锅加热，少许油，加入番茄沙司 3 大勺。

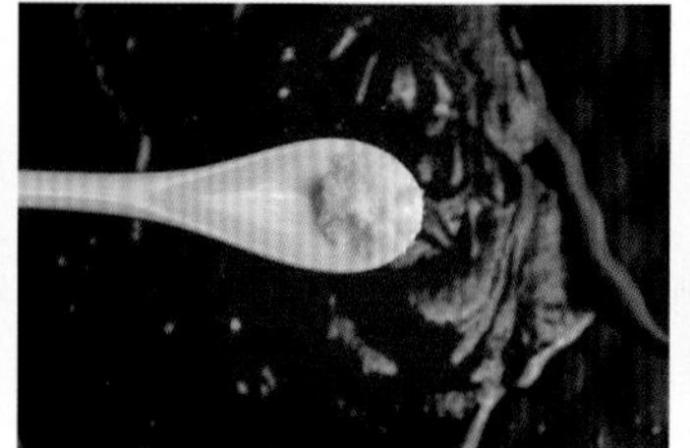

⑭ 加入盐 1/4 小勺。

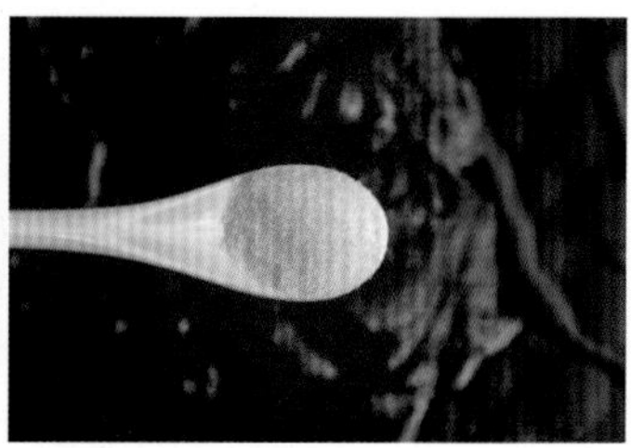

⑮ 加入白糖 1 大勺。

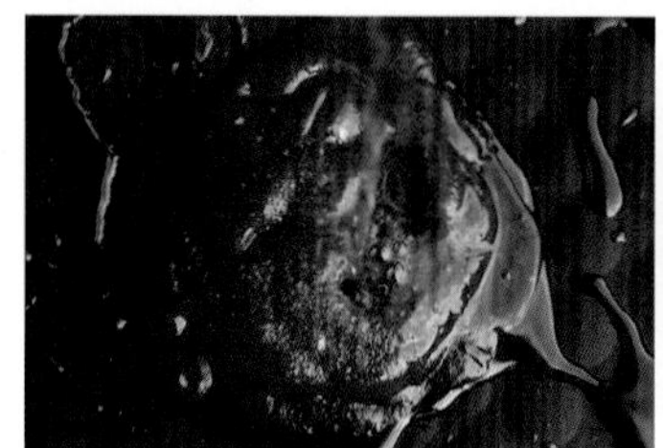

⑯ 加入水 5 大勺，煮开。

⑰ 加入鸡肉丸子继续煮至汤汁浓稠即可。

贴士

1. 上述材料可制作约 20 个鸡肉丸子。
2. 鸡腿去除骨头和皮以后，其中的白色筋需要剔除干净，否则会影响成品的口感。
3. 纯粹的鸡肉制成丸子会略显干硬，添加马蹄便可提升口感，使丸子鲜嫩之外另添了爽脆。
4. 马苏里拉芝士只需嵌入鸡肉丸子中，表面略搓至完全包裹芝士即可。
5. 趁热食用，芝士会扯出长长的细丝，但冷却后就凝固了，不过再次加热后依然可以扯出细丝。

二、中西合璧之鱼虾鲜嫩

ZHONGXIHEBI ZHI YUXIAXIANNEN

鱼虾的质地鲜嫩，简单的烹饪方式便可将其特色激发出来。烹饪鱼虾一般不需要长时间煮制，缩短烹饪时间也是保持鲜嫩的简单方式，譬如煎制或炸制，均能在短时间内完成烹饪。鱼虾的烹饪在形态上也是多样的，既可整体也可拆分，整条的鱼或带壳的虾、蟹可直接烹饪，而去骨改刀的鱼肉或去壳的虾也可以用同样的方式烹饪，两种方式带来的口感略有不同。

1. 金枪鱼色拉卷

中式材料［肉松］& 西式材料［金枪鱼］

自己对于中国味道的饮食一直是无比钦佩的，相同的食材可以做得简单至极，也可以做得出神入化，一切只在于那双烹饪的手。

最常见的食材里鸡蛋应该算是其一，白煮蛋、炒鸡蛋，都是直白简单的做法。精确计算时间与温度后，白煮蛋又化身成为蛋白全熟、蛋黄是流淌状态的溏心蛋。让蛋液铺满锅底，等待慢慢凝固成型后或切丝或包馅又是另一种炒鸡蛋的升华。鸡蛋打散后摊成薄薄的蛋皮，挤上色拉酱，铺上胡萝卜丝、黄瓜丝，放上现成的金枪鱼碎，最后再撒上肉松，以卷寿司的手势轻轻卷紧，一小会儿的功夫，已完成了鸡蛋的华丽转身。蛋皮的金黄色泽和着丰富的内馅在视觉效果上已属上乘，清新怡人的口感更是生生让人停不下筷子。

食　材　鸡蛋3个　肉松少许　黄瓜1/4根　胡萝卜1/4根　金枪鱼罐头1/6罐

调　料　盐1/8小勺　味淋1小勺　色拉酱2大勺

锅　具　方形平底锅

制作过程

① 金枪鱼沥干，胡萝卜去皮切丝，黄瓜切丝。

② 胡萝卜在开水中焯烫至变软后捞出沥干。

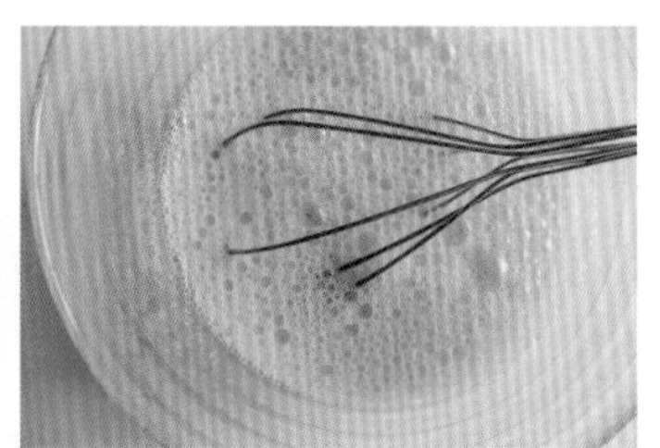

③ 鸡蛋打散成蛋液。

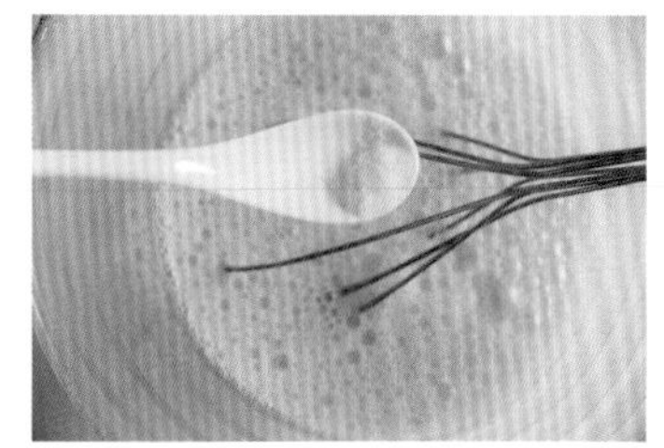

④ 加入盐1/8小勺。

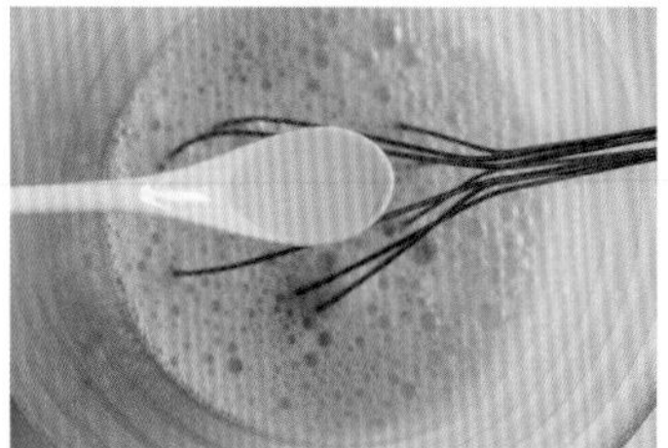

⑤ 加入味淋1小勺。

⑥ 方形平底锅内用小刷子刷一层薄薄的油。

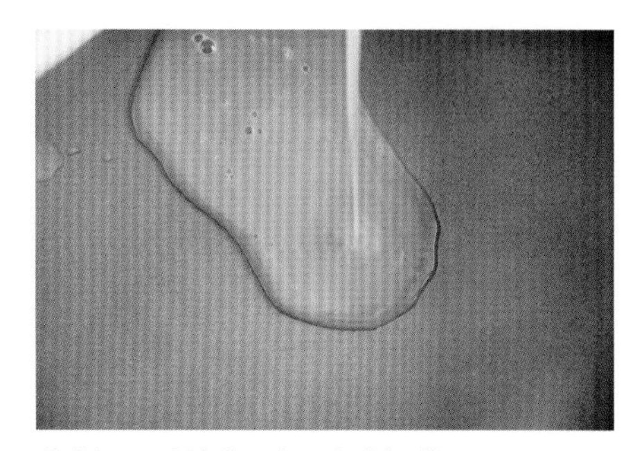

⑦ 倒入蛋液铺满锅底，小火慢煎。

⑧ 待凝固后翻面再煎片刻，然后出锅。

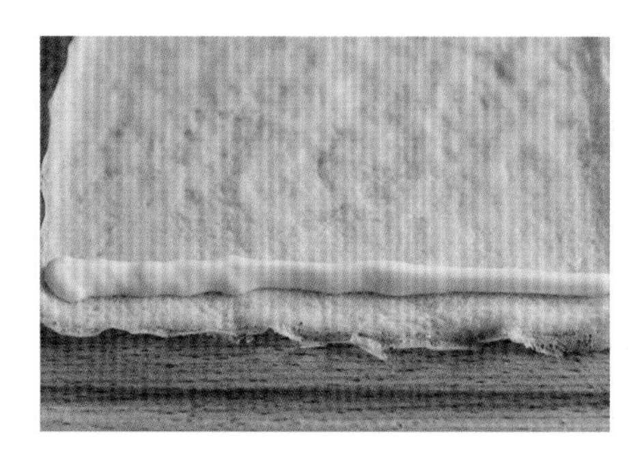

⑨ 煎好的蛋皮上挤一条色拉酱。

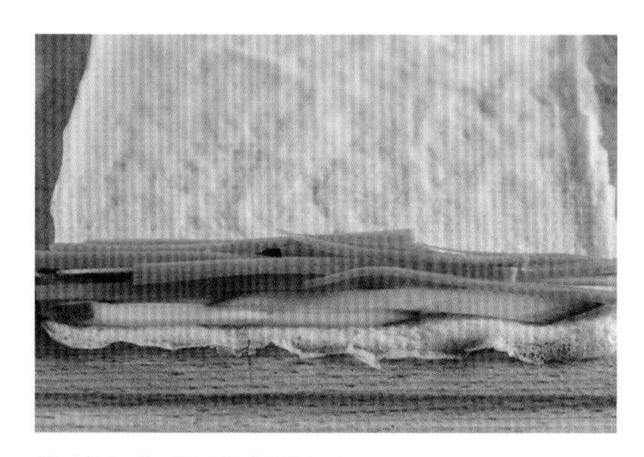

⑩ 铺上黄瓜丝和胡萝卜丝。

⑪ 再铺上金枪鱼和肉松。

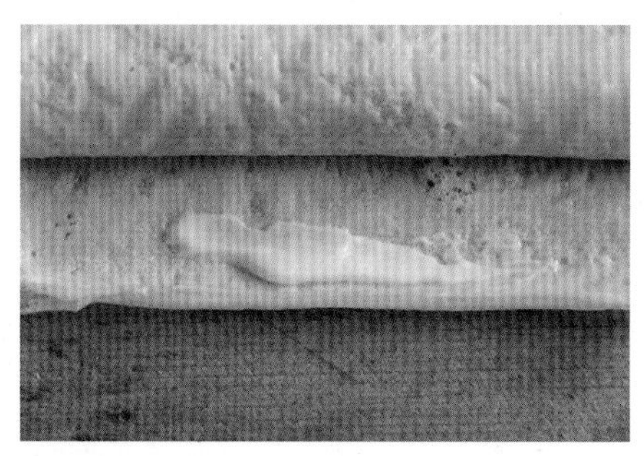

⑫ 轻轻提起蛋皮，紧紧卷起；收口处抹上少许色拉酱，再压紧收口。

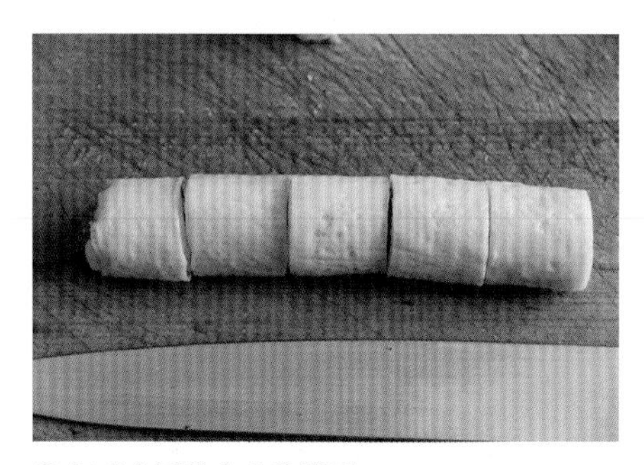

⑬ 切成合适的大小件即可。

贴士

1. 金枪鱼罐头一般有油浸的与水浸的两种，两者皆可，随你喜好。
2. 胡萝卜和黄瓜不必切成太细的丝，太细的切面反而不美观。
3. 味淋就是日式甜料酒，特别适合加入蛋液中，为鸡蛋增香去腥。倘若不喜欢，可用少许米酒或料酒替代。
4. 煎蛋皮建议使用不粘锅，容易煎得完整；火力也不宜过大，使用小火慢慢煎，等待蛋液凝固，成品会比较漂亮。
5. 锅子不一定使用方形的，圆形的略多些边角，但不影响口味。
6. 卷蛋皮时一定要卷紧，否则切件时会使内馅松散。

2. 杏仁炒虾

中式材料［虾仁］& 西式材料［美国大杏仁］

食府里的虾仁，就算是简单的清炒，吃起来也爽滑有弹性；而自己在家烹制，就是现剥的活虾似乎也不能炒出那种 Q 弹的劲头。这是怎么回事呢？其实也不难做到，只需要以下几个步骤，就能让虾仁最大限度地保持弹性，炒出晶莹剔透的视觉效果和弹牙的口感。将虾仁处理干净后先加少许盐和小苏打腌制数小时，而后用流动的水冲洗几分钟，之后再次加盐、蛋清、淀粉继续腌制数小时，最后还要用油淋在虾仁上冷藏过夜，方可拿来炒制。炒虾仁的食材可以尽情发挥，如果爱用跨界一些的，可用美国大杏仁。香香的坚果总在零食范畴里徘徊，实则做个菜肴配角也是妥帖无比的。虾仁味鲜但不浓烈，配角过于抢镜是不合适的，杏仁则恰到好处。杏仁的香脆只局限在自身，不会将味道扩散到虾仁上，既守住了配角的本分，也为主角加了分。

食 材 虾仁 150 克　青甜椒 1/3 个　黄甜椒 1/3 个　蛋清 1/3 个　美国大杏仁 1 把

调 料 盐 1/6 ＋ 1/6 ＋ 1/6 小勺　小苏打 1/4 小勺　淀粉 1/2 小勺　油 2 大勺　白糖 1/4 小勺　芝麻油 1/2 小勺

锅 具 平底煎锅

制作过程

① 青甜椒、黄甜椒切菱形小块。

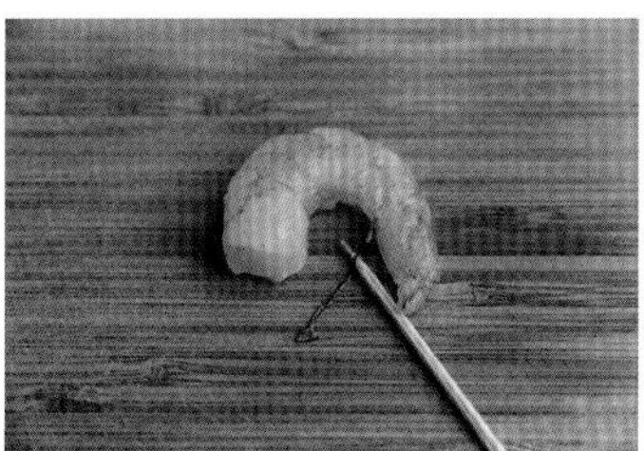

② 虾仁挑去虾肠。

③ 虾仁内加入盐 1/6 小勺。

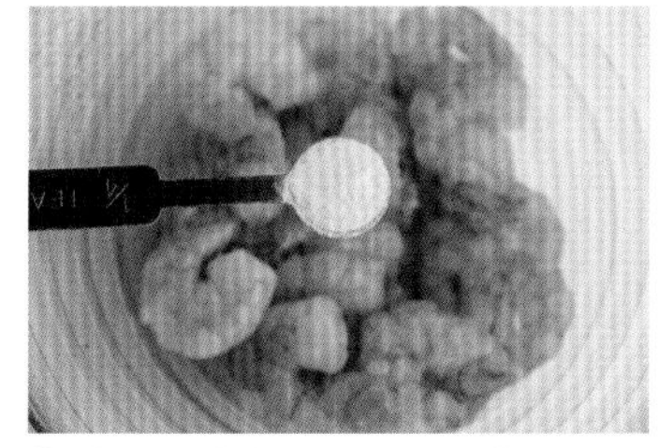

④ 加入小苏打 1/4 小勺，拌匀后冷藏腌制 4 小时。

⑤ 取出腌制完成的虾仁，在流动的水中冲洗数分钟。

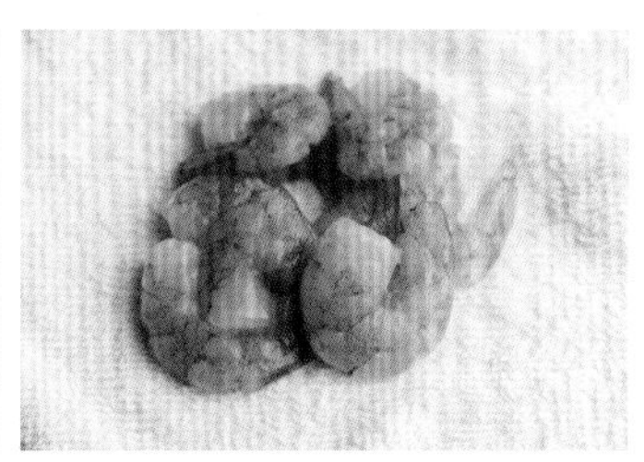

⑥ 虾仁沥去水分后放入干净的毛巾中，轻轻压干表面水分。

⑦ 虾仁内加入盐 1/6 小勺。

⑧ 加入淀粉 1/2 小勺。

⑨ 加入蛋清约 1/3 个，拌匀后冷藏腌制 2 小时。

⑩ 腌制完成的虾仁中加入油 2 大勺，不要翻拌，让油封住表层。

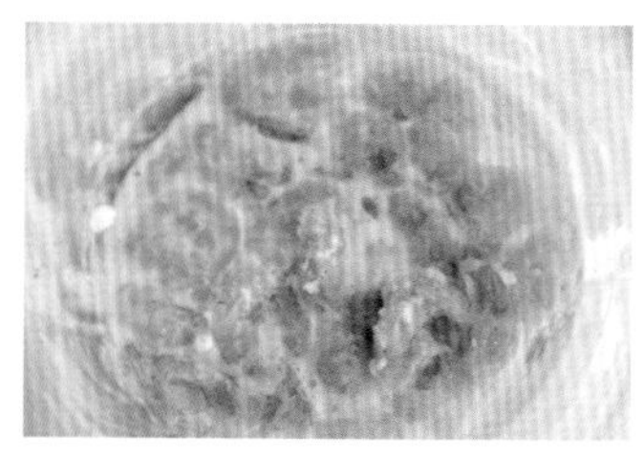

⑪ 虾仁继续冷藏腌制约 12 小时。

⑫ 大杏仁放入无油的锅中，小火焙熟，盛出备用。

⑬ 锅内加热油，加入腌制好的虾仁，大火快炒至完全变色，盛出备用。

⑭ 锅内加入少许油，加入青、黄甜椒快速翻炒约 1 分钟。

⑮ 加入虾仁和大杏仁，快速炒匀。

⑯ 加入盐 1/6 小勺。

⑰ 加入白糖 1/4 小勺。

⑱ 加入芝麻油 1/2 小勺，快速翻匀后出锅即可。

贴士

1. 虾仁入菜可按喜好挑选虾的品种，这里使用的是南美白对虾的虾仁。
2. 腌制虾仁的过程冗长，整个过程大约需要近 20 个小时。基本步骤：首先用盐和小苏打腌制 4 小时，然后冲净，沥干约 1 小时；再次用盐、蛋清和淀粉腌制入味 2 小时；最后用油封住腌制 12 小时，所以虾仁需要隔日做好腌制准备，次日方可入锅炒制。
3. 腌制虾仁虽耗时颇多，但如此制作出的虾仁 Q 弹有劲，口感上佳，值得多耗费些时间准备。
4. 如果使用熟的大杏仁，可略去干焙的过程。
5. 整个炒制的过程皆用大火快炒，方可以保持食材的鲜嫩。

3. 酱烧龙利鱼

中式材料［郫县豆瓣酱］& 西式材料［龙利鱼］

说起下饭菜，总会想起味道浓郁的各色荤素小炒，很少会将下饭菜与鱼联系在一起。有刺的鱼不能大口咀嚼，于是就应运而生了无数对付鱼骨的料理方式，或拆或炸，或裹了纱布再炖。总之，都想把这味鲜却难大口咀嚼的鱼变成如肉类一般无刺易咽。

这道用豆瓣酱烹饪的龙利鱼便完全符合下饭菜的通常定义。龙利鱼是去皮去骨的纯鱼块，西餐里常用，撒点香草，用油一煎便得。这里换上豆香浓郁的豆瓣酱做浇汁，咸香微辣的口感让人胃口大开；而鱼肉只经过了煎制并无过多处理，故而不失其鲜嫩本质，一份鲜香之外更得几分大口咀嚼的酣畅淋漓，很是过瘾。

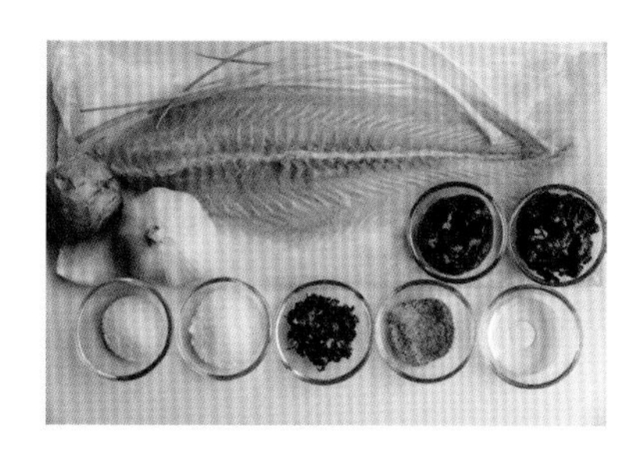

食　材　去皮去骨的龙利鱼1条　小葱1根　生姜1小块　大蒜3瓣

调　料　花椒1小把　盐1/4小勺　白胡椒粉1/8小勺　米酒1小勺　豆瓣酱2小勺　郫县豆瓣酱2小勺　白糖1大勺

锅　具　平底煎锅

制作过程

① 龙利鱼切块，大蒜、生姜、小葱切末，郫县豆瓣酱剁碎。

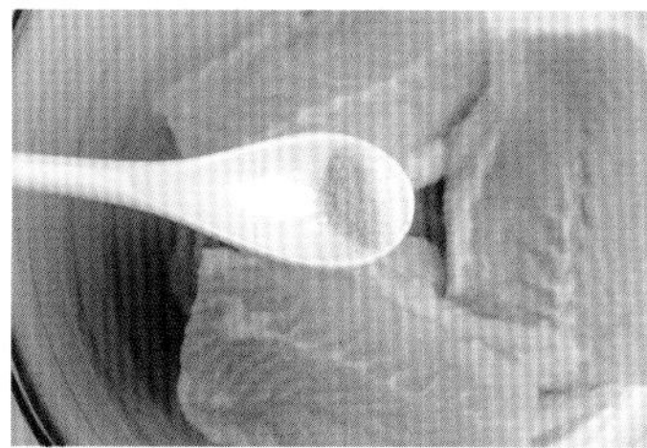

② 往龙利鱼块上加盐1/4小勺。

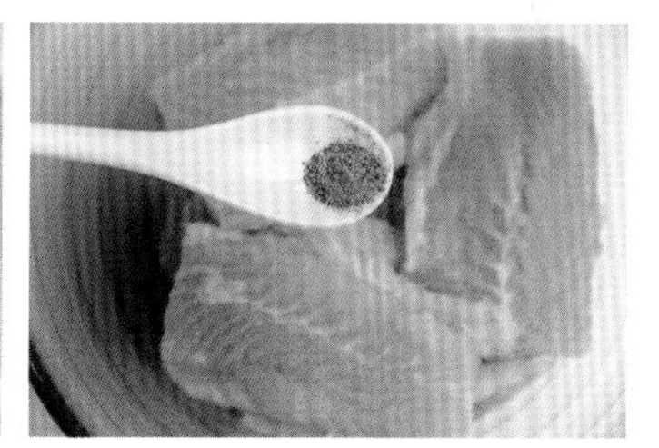

③ 加白胡椒粉1/8小勺。

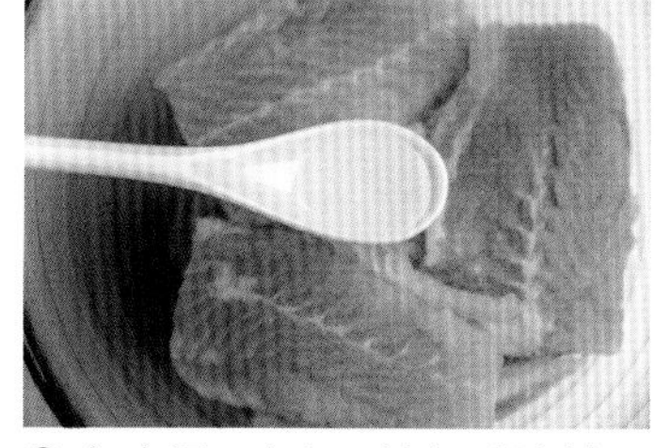

④ 加米酒1小勺，拌匀后腌制20分钟。

⑤ 锅内加热油，加入龙利鱼，煎至两面变成白色、肉质开始紧实时盛出装盘。

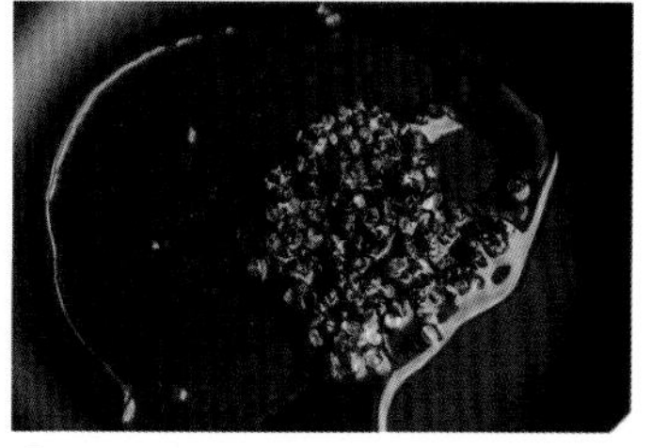

⑥ 锅内加热油，用小火将花椒炸香；捞出花椒，底油留用。

⑦ 锅内加入姜末、蒜末、郫县豆瓣酱。

⑧ 煸炒至香味溢出。

⑨ 加入豆瓣酱 2 小勺。

⑩ 加入白糖 1 大勺。

⑪ 加入少许水至铺满锅底；大火煮开后，继续煮片刻至汤汁浓稠。

⑫ 煮好的酱汁淋入已装盘的龙利鱼上。

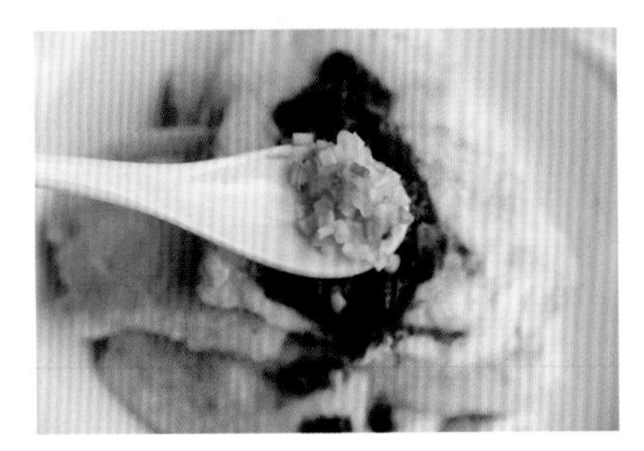

⑬ 最后撒上葱花即可。

贴士

1. 龙利鱼有冻品和新鲜的出售，如果购买冻品，是已去皮去骨的；如果购买新鲜的，可以请摊主代为去皮去骨。去骨后的龙利鱼并无小刺残留，可放心食用。
2. 龙利鱼肉质较嫩，久炖后易散，所以可先将鱼煎至定型再浇汁，这样可以保持鱼肉的完整。
3. 郫县豆瓣酱是极具川味特色的调料，辣度明显，请酌量添加。
4. 豆瓣酱有明显的咸味，不必另外添加盐。

4. 麻婆三文鱼

中式材料［豆腐］& 西式材料［三文鱼］

记得儿时大人们总说，小孩子是吃不了辣的，长大了自然能明白其中的道理。原来，因为“辣”的美并非与“甜”一般显而易见，反而是一种深藏不露的幽深，需要足够的胆识与细心才能体会，这是年幼时无法拥有的智慧。

长大后对辣开始了全新的认识，虽远达不到嗜辣的境界，但也开始沉迷于舌尖的颤动。这道麻婆三文鱼就是用了鼎鼎有名的四川郫县豆瓣酱烹制而成的香辣菜肴，另添加了柔和的豆腐同煮，既有三文鱼的鲜，又有豆腐的滑，更有郫县豆瓣酱的辣，多种滋味共同作用，味道美不胜收。至于为何用三文鱼去颠覆传统的麻婆豆腐，只因三文鱼油脂厚重，平时用来煎烤后依然是满嘴的丰腴，稍降温后的三文鱼又极易透出鱼腥味，用辣味来掩饰则刚刚好。再者三文鱼并非多刺，可选择完全无骨的部分来烹饪，与豆腐一同拌上米饭，又是一道极致利落的下饭菜肴。

食　材　去皮三文鱼 200 克　豆腐 400 克（中等硬度）　小葱 1 根　京葱 1 段

调　料　盐 1/8 ＋ 1/6 ＋ 1 小勺　白胡椒粉 1/8 小勺　米酒 2 小勺　辣椒粉 1 小勺　白糖 2 小勺　郫县豆瓣酱 2 大勺　花椒粉 1/2 小勺　淀粉 8 大勺　水 300 毫升

锅　具　平底煎锅　汤锅

制作过程

① 三文鱼切丁，豆腐切丁。

② 小葱、京葱切末，郫县豆瓣酱剁碎。

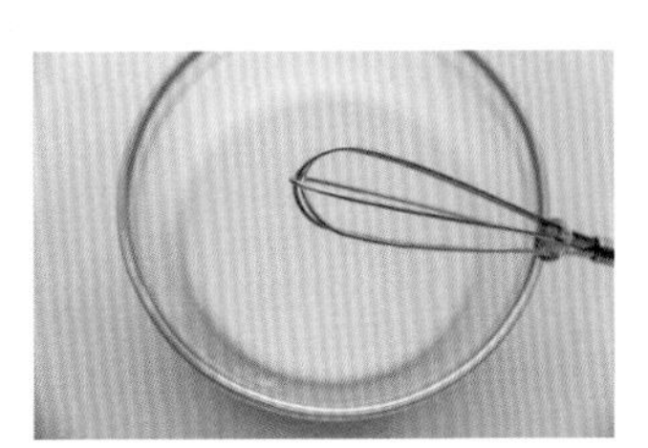

③ 淀粉 1 大勺，加入少许水，搅匀成水淀粉备用。

④ 三文鱼加入盐 1/6 小勺。

⑤ 加入白胡椒粉 1/8 小勺。

⑥ 加入米酒 2 小勺，拌匀后腌制 10 分钟。

⑦ 汤锅中加水烧开，加入盐 1 小勺。

⑧ 放入豆腐，水再次沸腾后稍煮片刻。

⑨ 捞出豆腐，浸入冷水中备用。

⑩ 盘子中加入大约 7 大勺淀粉，放入三文鱼，使其表面裹满淀粉。

⑪ 热锅加油，放入三文鱼，用中火煎至表面定型后盛出备用。

⑫ 锅内再次加入少许油，加入京葱末炒香。

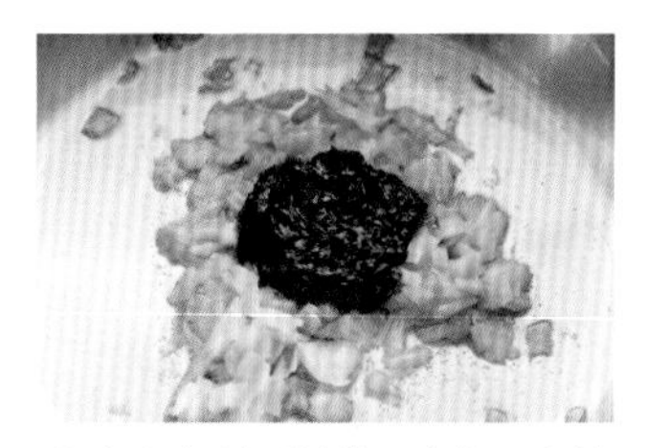

⑬ 加入郫县豆瓣酱 2 大勺，翻炒至香味溢出。

⑭ 加入盐 1/8 小勺。

⑮ 加入白糖 2 小勺。

⑯ 加入辣椒粉 1 小勺。

⑰ 加入水 300 毫升。

⑱ 加入沥干水的豆腐。

⑲ 加入三文鱼，大火煮开后，继续煮约 5 分钟。

⑳ 淋入水淀粉勾芡，边淋边轻轻晃动锅子，待汤汁变稠后出锅装盘。

㉑ 装盘后再加入花椒粉 1/2 小勺增味。

㉒ 最后撒上葱末即可。

贴士

1. 三文鱼宜选择无刺的部位较为合适，如果有刺，尽数拔去。
2. 郫县豆瓣酱建议不要直接使用，剁碎后更易炒出香味。
3. 豆腐可以选择中等硬度的，过嫩的易碎，过老的豆味过浓，中等的口感最佳。
4. 三文鱼裹淀粉煎制，一则可保持形状，二则能更入味。
5. 水淀粉在使用时需再次搅匀，使底部无沉淀；用量也非既定，勾芡时观察状态，到了喜欢的稠度可立即停止加入。
6. 花椒粉可提升菜肴的香味，装盘时撒在表面即可。

5. 柠香煎鲳鱼

中式材料 [鲳鱼] & 西式材料 [青柠檬]

要让不爱吃鱼的人接受鱼味，最简单的方式就是尽量去除和掩盖鱼肉的腥味，只留下鲜嫩。用味重的调料去掩盖是一种方式，却也有着显著的缺点，分寸稍有些拿捏不准就容易盖过鱼肉的鲜香，有暴殄天物之嫌。若是有香气清淡宜人的材料相佐，既遮掩了腥味又留住了鱼鲜，这才是真正意义上的平衡。

这样的食材我推荐柠檬。柠檬气味芳香，但榨出的汁却不能直接食用，香味是足够了，但酸涩也是绝对让人难以下咽的。用它来调味，与食材相结合后，酸涩隐去，香气留存，才是彻底发挥了它的清丽特质。与鲳鱼相配，柠檬可以为它去除腥味，但无法改变海鲜原本的质地，该有的鲜味依然还在，少的只是恼人的腥味罢了。

食　材　鲳鱼 250 克　青柠檬 1/2 个

调　料　盐 1/2 小勺　白胡椒粉 1/4 小勺　白兰地 2 小勺

锅　具　平底煎锅

制作过程

① 鲳鱼洗净，在鱼身上划两刀，以便入味；青柠檬榨汁。

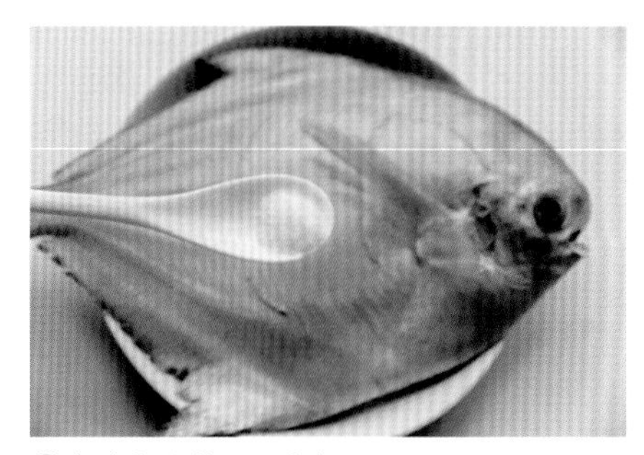

② 鲳鱼加入盐 1/2 小勺。

③ 加入白胡椒粉 1/4 小勺。

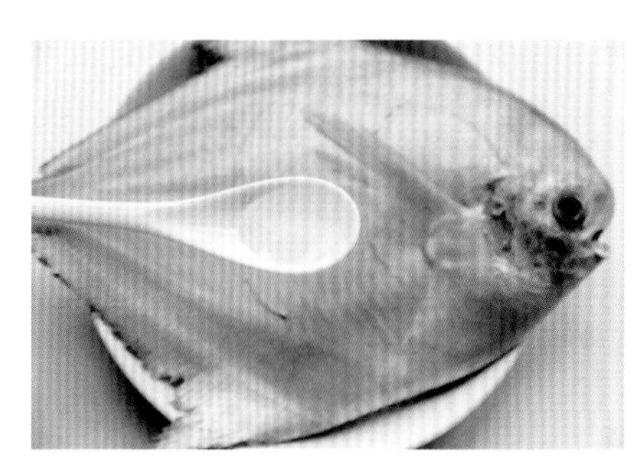

④ 加入榨好的柠檬汁 2 小勺。

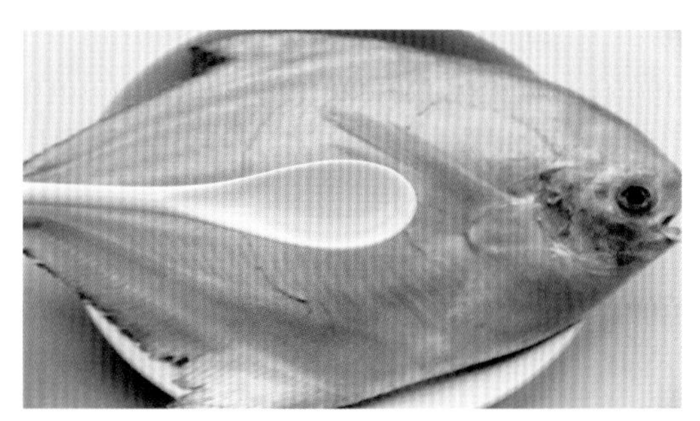

⑤ 加入白兰地 2 小勺，将鱼身内外抹匀，腌制 20 分钟。

⑥ 锅内加入油，放入鲳鱼，用中火将鱼两面煎熟即可。

贴士

1. 白胡椒粉能去除海产品的腥味，做河鲜海鲜的时候都可以添加一些。
2. 腌制鱼时使用的是柠檬汁，若再使用中式的料酒或米酒去腥，恐味道上或有冲突，所以添加了白兰地帮助去腥。
3. 煎鱼时不要着急翻面，等到晃动锅子时鱼可以自然脱离锅底再翻面，这样更易保持形状完整。

6. 香草烤鱿鱼

中式材料［鱿鱼头］& 西式材料［意大利综合香草］

与朋友相聚家中，所有的活动最终总是吃饭，气氛只在餐桌上才被推向高潮。而讨巧又好味道的食物，就是最佳选择。

串烧鱿鱼须，便可列入讨巧的食单中。鱿鱼串是人气很高的街边小食，用它待客，定可博得满堂彩。讨巧的味道只是一部分，制作简单最具诱惑力。做这道鱿鱼须没有什么技术可言，喜欢的调料一并加入鱿鱼里腌制，而后配些色彩丰富的甜椒穿在竹签上，送入烤箱，几分钟后就可端上餐桌。若是需要更出众一点，借鉴一下西式烧烤的法子，添上一把综合香草，即刻有了十足的腔调，色、香、味一个都不少。

食　材　鱿鱼头 4 只　青甜椒 1/4 个　红甜椒 1/4 个　黄甜椒 1/4 个　洋葱 1/6 个

调　料　意大利综合香草约 2 小勺　匈牙利红椒粉 1 小勺　蚝油 1.5 小勺　沙茶酱 1.5 小勺　生抽 1.5 小勺　料酒 1 小勺　白胡椒粉 1/8 小勺

锅　具　烤箱

① 青甜椒、红甜椒、黄甜椒切方块，洋葱切末。

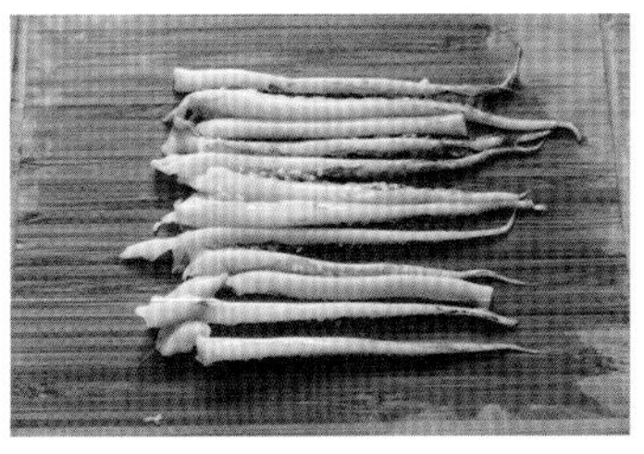

② 鱿鱼头洗净后，切下鱿鱼须。

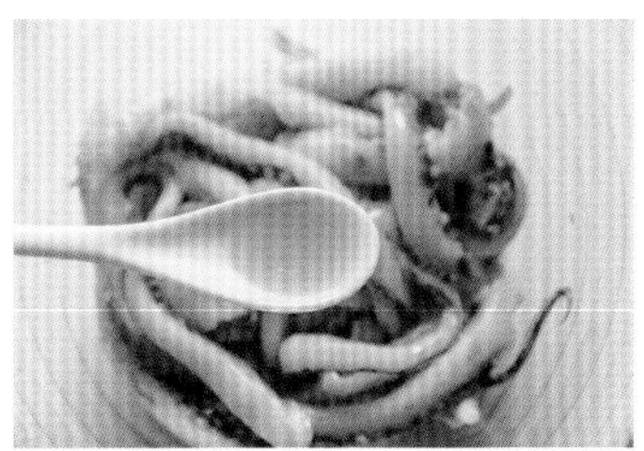

③ 鱿鱼须内加入料酒 1 小勺。

④ 加入白胡椒粉 1/8 小勺。

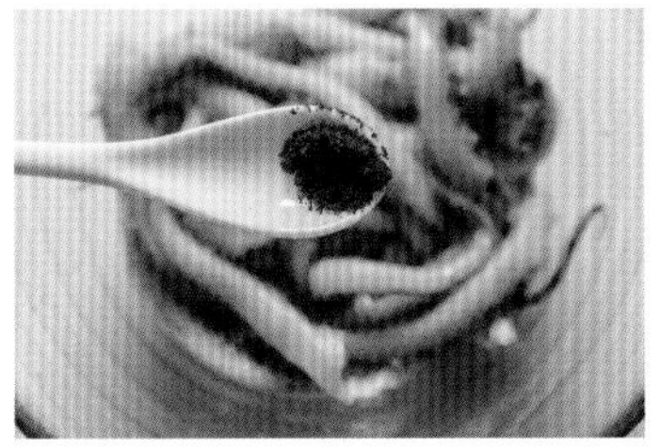

⑤ 加入匈牙利红椒粉 1 小勺。

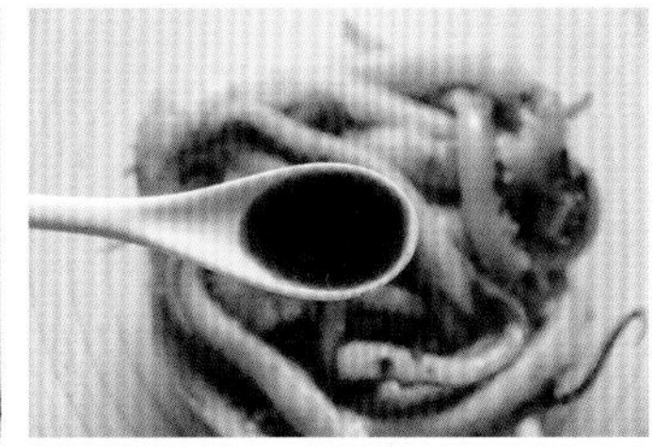

⑥ 加入生抽 1.5 小勺。

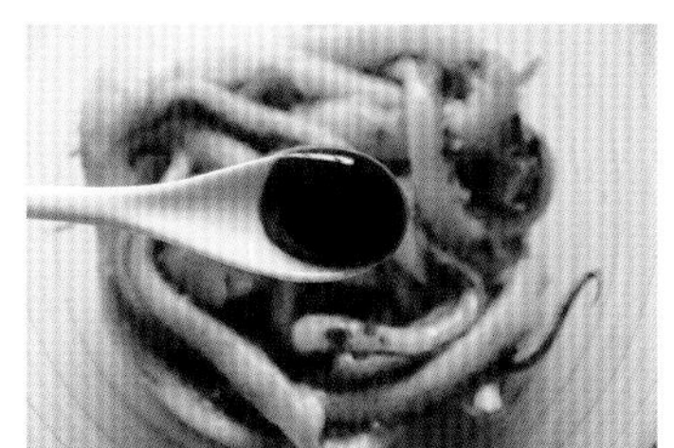

⑦ 加入蚝油 1.5 小勺。

⑧ 加入沙茶酱 1.5 小勺。

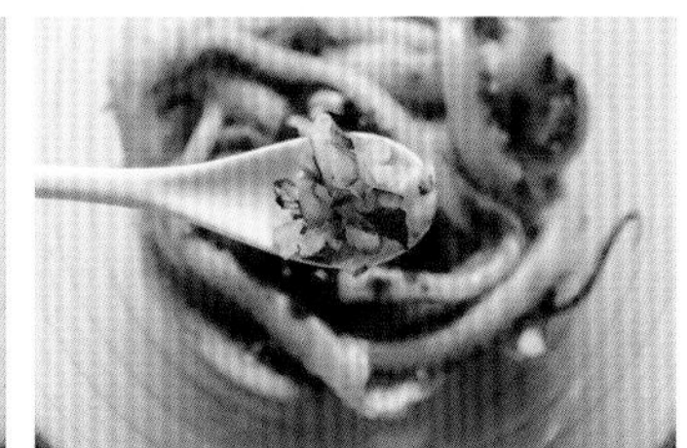

⑨ 加入洋葱末，拌匀后腌制约 4 小时。

⑩ 腌好的鱿鱼与青甜椒、红甜椒、黄甜椒分别穿在竹签上，放入垫了锡纸的烤盘内。

⑪ 用小刷子均匀刷上一层腌制鱿鱼的腌料。

⑫ 撒上约 2 小勺意大利综合香草，放入预热 180℃的烤箱内，烤 7 ～ 10 分钟即可。

贴士

1. 鱿鱼须的吸盘里有砂砾附着，需要仔细清洗干净。
2. 鱿鱼不易入味，如果有时间，可隔日腌制，次日烤制。
3. 腌制鱿鱼的腌料在烤制前用来刷一次鱿鱼，可以使味道更为浓郁。
4. 烤制时可以在一旁观察，鱿鱼完全变色并开始有明显收缩时可出炉。

7. 红咖喱三文鱼

中式材料 [慈姑] & 西式材料 [三文鱼]

对于咖喱的幻想，多半是关于儿时被长辈牵着去喝的那碗咖喱牛肉粉丝汤，很多年里都以为咖喱就只有黄黄的色泽和有一点辛辣的滋味。当铺天盖地的东南亚食府席卷全国，方才明白原来咖喱是多色的，而且每种颜色味道不同，完全不是千人一面的乏味。红、黄、白、青各自代表着不同的辣度与香型，配上心仪的食材，可谓千般变化万种风情。对于火辣辣的红咖喱，听着有些怯意，恐还未填饱肚子，辛辣的刺激已让人败下阵来。此时椰浆适时登场，融入红咖喱之后是一片温柔舒缓，任它原本是怎样的狂妄霸道，遇上椰香浓郁到化不开的椰浆，也只有放低姿态收敛锋芒，只露出不温不火的谦和，让人欲罢不能。

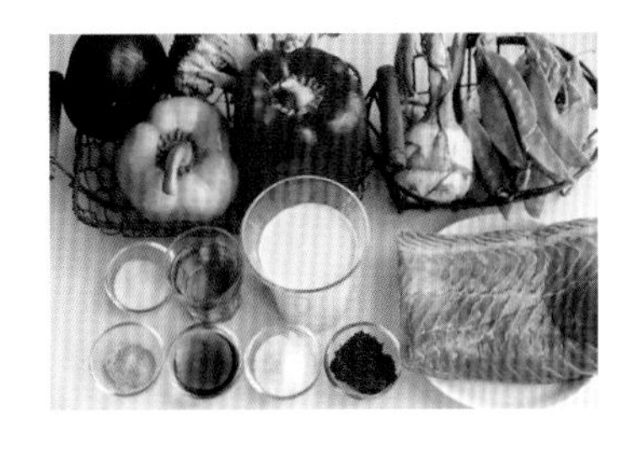

食　材　西蓝花 1/3 棵　荷兰豆 1 把　红甜椒 1/2 个　黄甜椒 1/2 个　洋葱 1/2 个　慈姑 3 个　去皮三文鱼 200 克

调　料　白兰地 1 小勺　红咖喱 2 大勺　鱼露 1 大勺　椰浆 150 毫升　盐 1/6 + 1/6 小勺　白胡椒粉 1/8 小勺　白糖 1 大勺　水 200 毫升

锅　具　平底煎锅　汤锅

制作过程

① 三文鱼切块，西蓝花切小朵，荷兰豆摘去茎部。

② 慈姑去皮切块，洋葱、红甜椒、黄甜椒切块。

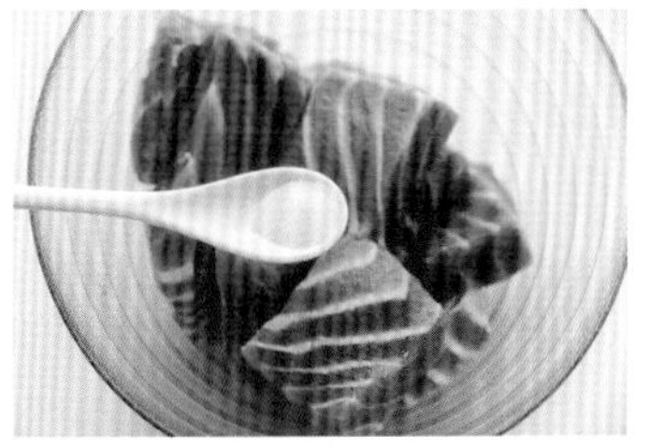

③ 三文鱼内加入盐 1/6 小勺。

④ 加入白胡椒粉 1/8 小勺。

⑤ 加入白兰地 1 小勺，拌匀后腌制 20 分钟。

⑥ 西蓝花在开水中焯烫约 1 分钟，捞出沥干。

⑦ 荷兰豆在开水中焯烫约 30 秒，捞出沥干。

⑧ 热锅入少许油，加入三文鱼煎至两面变色定型，取出备用。

⑨ 热锅加少许油，加入红咖喱 2 大勺。

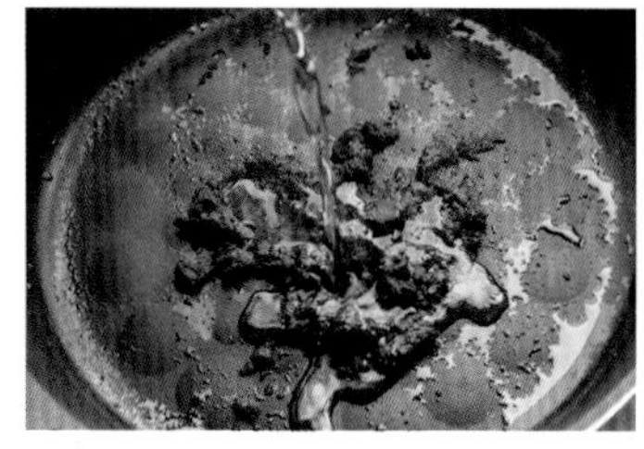

⑩ 加入水 200 毫升，搅匀后煮开。

⑪ 加入慈姑。

⑫ 加入盐 1/6 小勺。

⑬ 加入白糖 1 大勺。

⑭ 加入鱼露 1 大勺，加盖大火煮开后，转中火煮约 15 分钟，至慈姑熟软。

⑮ 加入椰浆 150 毫升。

⑯ 加入洋葱、西蓝花、荷兰豆、红甜椒、黄甜椒。

⑰ 加入三文鱼，继续煮约 5 分钟出锅即可。

贴士

1. 三文鱼选择无刺的部位来烹饪，如果有刺，尽数拔去。
2. 鱼露、红咖喱在超市可购得。
3. 蔬菜按软熟的速度不同分次加入，也可根据自己的喜好调整蔬菜的制作顺序。
4. 红咖喱较为辛辣，椰浆可缓解其辛辣味，制作时可酌情添加。
5. 这道菜可以多做一些汤汁，除了当主菜，用汤汁拌米饭也是极好的吃法。

8. 香煎鲈鱼

中式材料 [鲈鱼] & 西式材料 [色拉酱]

时不时地沉迷西餐，倾心于西式烹饪里简明扼要的气度。做道考究的中式菜品往往需要多道准备以及多种调料，西式菜肴里却有不少看似繁复实则易于操作的菜品。一份干净利落的主菜外加一份简洁明了的酱汁，屈指可数的几样食材便能齿颊留香。

去骨的鲈鱼块用油煎熟配上由西蓝花制成的塔塔酱，单看外观已是十足的西洋风，至于全部的制作过程不过是寥寥几步。最家常普通的鲈鱼，去骨取肉，鱼肉不必折腾西式材料来腌制，切点葱姜倒点米酒，抓匀了只管放一边等它入味，最后的酱汁会是出彩的地方，所以丝毫不必担心中式的腌法会冲突了最后的味型。腌鱼时可以制作酱汁，西蓝花先煮熟了再切碎，拌上色拉酱，撒上盐，再磨点胡椒，混匀了即可。等到鱼肉入味，热锅加油，将鱼两面煎熟了出锅装盘，再淋上些方才制好的酱汁，只是一会儿工夫，低调又不失华丽的一份西式佳肴便做成了。

食　材　鲈鱼 500 克　西蓝花 20 克　小葱 2 根　生姜 1 小块

调　料　色拉酱 3 大勺　盐 1/8 + 1/4 小勺　白胡椒粉 1/4 小勺　米酒 2 小勺　研磨胡椒少许

锅　具　平底煎锅　汤锅

制作过程

① 鲈鱼片下整块鱼身中段。

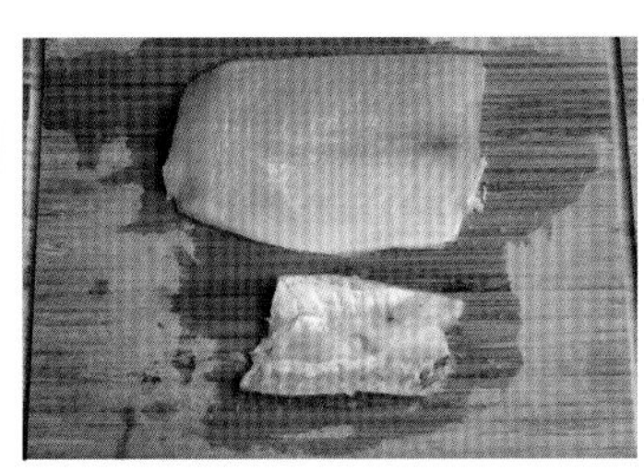

② 再去除鱼肚部分的大刺。

③ 生姜去皮，切丝；小葱切段。

④ 往鲈鱼块上加生姜和小葱。

⑤ 加盐 1/4 小勺。

⑥ 加白胡椒粉 1/4 小勺。

⑦ 加入米酒 2 小勺，拌匀后腌制 20 分钟。

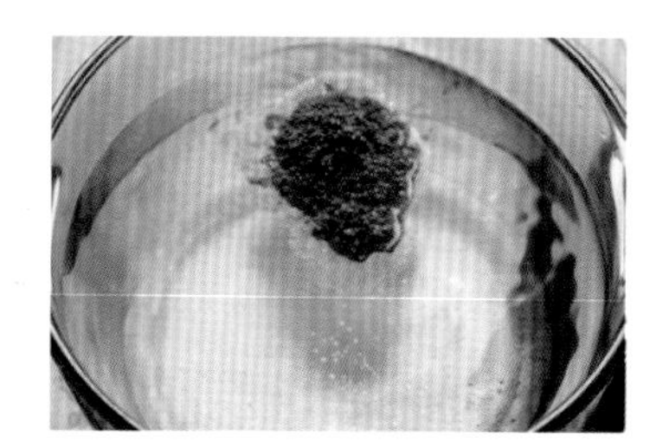

⑧ 西蓝花在开水中焯烫约 1 分钟，捞出沥干。

⑨ 西蓝花切成细小的碎末。

⑩ 加入盐 1/8 小勺。

⑪ 加入色拉酱 3 大勺。

⑫ 磨入胡椒少许，拌匀后即为蘸料。

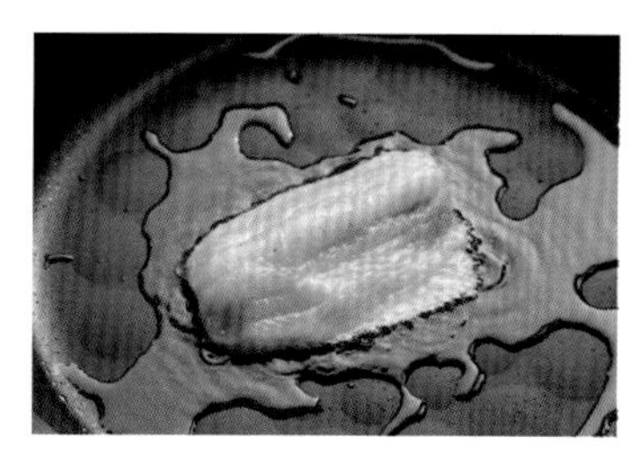

⑬ 热锅入少许油，加入鲈鱼，中火煎制。

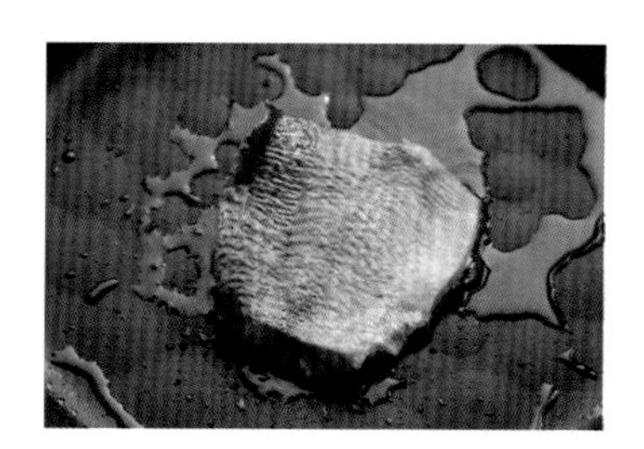

⑭ 等到晃动锅子时鱼肉可自动分离再翻面，煎熟后即可出锅。

⑮ 将蘸料淋在装盘后的鲈鱼上即可。

贴士

1. 剩余的鲈鱼头尾不要丢弃，煎熟后加水熬煮，等到汤汁变浓，用筛子滤去鱼骨，便是一碗上好的鱼高汤。
2. 取鲈鱼中段时，可用干净的布压在鱼头或鱼尾处防滑，如此更易操作。
3. 鲈鱼刺少，片去肚子部分的大刺后，基本已无刺。如果需要更彻底地去刺，可用手轻按，感觉有刺的话，挑去即可。
4. 蘸料中的西蓝花要切得细碎些，口感更佳。

9. 奶油虾

中式材料［活虾］& 西式材料［黄油］

提到奶油味的食物，极易联想到各色小点心与蛋糕，直截了当的会与甜味挂钩，再拓展思路才勉强想起比萨、焗饭、奶油汤一类的咸食，可见黄油与牛奶的组合多半是与点心为伍的，如此深入人心。

万千种饮食里，颇有些有趣的组合，比如黄油与牛奶，加了面粉和糖，便能变化成各式甜点；同样是黄油和牛奶，如果加了盐，配上新鲜蔬菜或荤食，却是实实在在的菜品。同样的材料，换了调味方式，俨然是从头到脚换了新装，里里外外焕然一新。

黄油与牛奶做荤食，首选虾、蟹，只因虾、蟹清鲜而不肥腻，而肉食多少带些油脂，奶油汁本身就由黄油和牛奶主导，再添了肉脂，是会有些腻口的。鲜活的虾剥去外壳，用黄油炒香芹菜、洋葱和蒜末，倒入虾炒熟，调味后淋入牛奶，稍微炖煮一会儿即可出锅，鲜虾与汤汁都是有滋有味的。

食　材　活虾 500 克　大蒜 3 瓣　洋葱 1/4 个　芹菜 1 根　牛奶 1/2 杯

调　料　无盐黄油 20 克　盐 1/3 小勺　白糖 1/4 小勺　白胡椒粉 1/4 小勺

锅　具　平底煎锅

制作过程

① 洋葱、芹菜、大蒜切末。

② 虾去头，并轻轻拉开，将背部的虾线一同去除。

③ 再剥去虾壳，并保留尾部。

④ 挑去虾肠。

⑤ 锅内加入黄油 20 克，小火融化。

⑥ 加入洋葱末、芹菜末、大蒜末炒香。

⑦ 加入虾仁翻炒至变色。

⑧ 加入盐 1/3 小勺。

⑨ 加入白糖 1/4 小勺。

⑩ 加入白胡椒粉 1/4 小勺。

⑪ 加入牛奶 1/2 杯，炖煮约 10 分钟即可。

贴士

1. 洋葱、芹菜和大蒜都是用来增香的，可多煸炒些时间，洋葱和芹菜完全变软后可使汤汁更鲜香。
2. 可选择的鲜虾品种很多，随你喜好，这里使用的是基围虾。
3. 去除虾壳的时候留尾部是为了视觉效果，也可将尾部的壳一并除去，吃时更方便。

10. 椒盐鱼柳

中式材料［椒盐］& 西式材料［龙利鱼］

盐，细小纯白的结晶粒，轻捻入锅，如同用钥匙开锁一般，被禁锢的味道一同释放开来。盐是打开味道之门的钥匙，就连甜点的制作也少不了它，更不消说我们餐桌上的菜肴羹汤。盐既可作为基本味料，而后再用各色调料相佐，也可只用盐调出食物的本色味道。

除了基础的盐，在博大精深的中国饮食里还有椒盐这一神奇的调料。炒香了的花椒磨碎混入炒黄的盐中，成就了完全不同的一种咸味。原本并无香味的盐，被花椒的香气笼罩，立刻滋生出神秘的力量，既留住了自己的根基，又把自己推向了全新的境界，咸香相依，自成一派。椒盐直接作蘸料，最能体现它的特色。油炸之后的鱼块，配上一碟椒盐，或是捻一小撮在指尖，随手一挥，尽数散在鱼块上，微微的麻，微重的咸，鱼块的脆皮也就有了生机，就连炸物的油腻感也散去大半，绝美而般配。

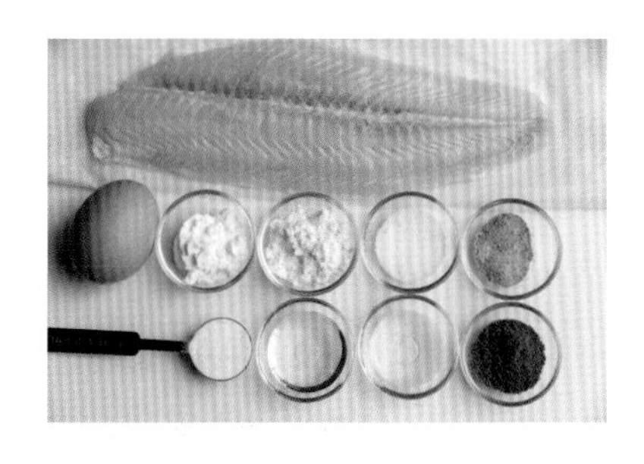

食 材 鸡蛋 1 个 龙利鱼 1 条（去骨去皮） 低筋面粉 50 克 泡打粉 2.5 克

调 料 盐 1/4 + 1/4 小勺 白胡椒粉 1/8 小勺 米酒 1 小勺 玉米淀粉 15 克 油 1 大勺 椒盐粉 2 小勺 水 50 毫升

锅 具 汤锅

制作过程

① 龙利鱼切块。

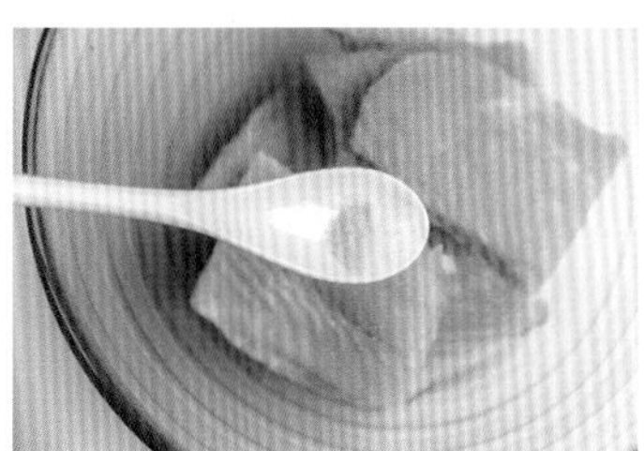

② 加盐 1/4 小勺。

③ 加白胡椒粉 1/8 小勺。

④ 加米酒 1 小勺，拌匀后腌制 20 分钟。

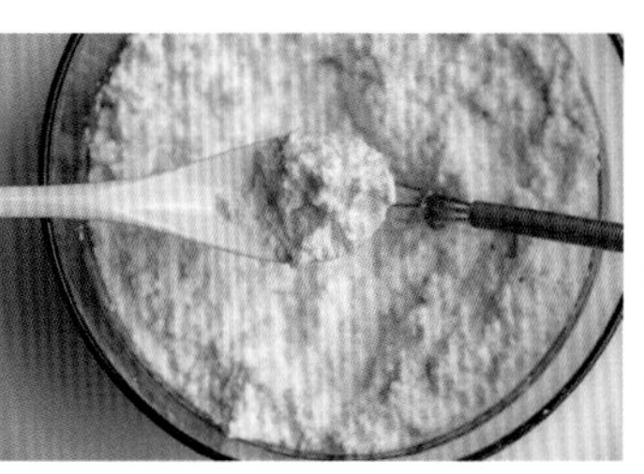

⑤ 低筋面粉 50 克放入容器内，加入玉米淀粉 15 克。

⑥ 加盐 1/4 小勺。

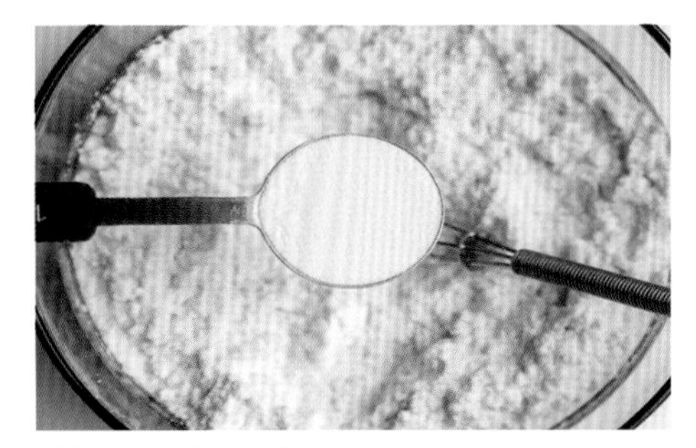

⑦ 加入泡打粉 2.5 克，混合均匀。

⑧ 加入鸡蛋 1 个。

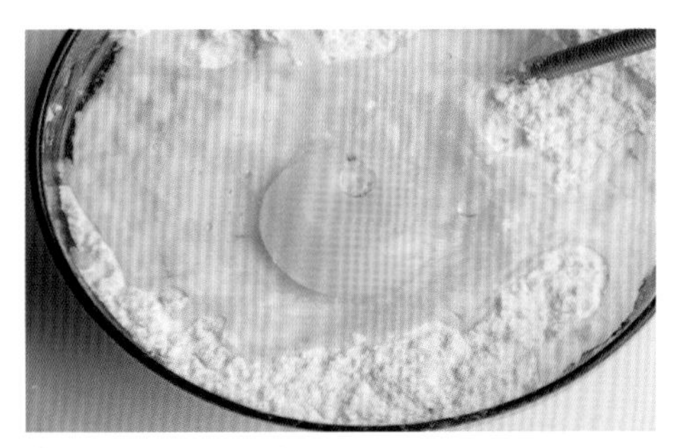

⑨ 加入水 50 毫升，搅匀成无颗粒的面糊。

⑩ 加入油 1 大勺，搅匀成炸糊。

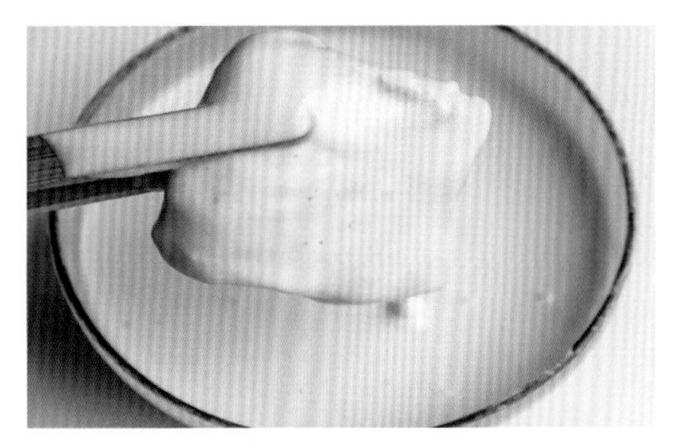

⑪ 将腌制好的龙利鱼浸入炸糊中，让表面裹满。

⑫ 锅内加入较多量的油，加热至约 190℃，放入鱼块，中火炸至表面金黄。

⑬ 装盘后撒上约 2 小勺椒盐粉即可。

贴士

1. 鱼的品种可按喜好替换，建议选用刺少的品种更为可口。
2. 泡打粉一般用于蛋糕和饼干的制作，可以使炸好的食物外壳更为膨松不紧实，出售西点原料的店铺都可以购得。
3. 判断油温，可先放入少量炸糊在油锅内，如果立刻成形浮起，周围有密集的小泡，表明此时油温合适，可以放入鱼块炸制。
4. 鱼块易熟，外壳炸至金黄色时内部便已熟透，即可出锅。

三、中西合璧之荤素有道

ZHONGXIHEBI ZHI HUNSUYOUDAO

各式荤素搭配的菜肴是家庭烹饪中最受欢迎的一类，简单的搭配组合便能让各色食材呈现复合的口感。烹饪荤素小菜的最妥帖的方式即为合理搭配，各式食材与各色调味料的搭配，无论使用的是中式食材或是西式食材，只要找到与之相配的调味料，便会是美妙滋味。

1. 黄芥末土豆色拉

中式材料［上海风味红肠］& 西式材料［香草醋］

上海有家叫“德大”的西餐社，色拉是其中绝对不能错过的招牌名菜。软糯的土豆配上浓稠的色拉酱，因为没有浓烈霸气的香气，摆在那里没有多大的魅力可言，但尝过之后就会知道味道的华丽其实与香气并无多大关系，淡然的外表之下，同样可以有摄人心魄之处。

其实土豆色拉在家里也可以做得很出彩。土豆和红肠是主料，色拉酱是辅料，两者一拌即成，十分便捷。西餐社里用的是自制蛋黄酱，就是生蛋黄一点点加入色拉油搅拌，直至成为黏稠的膏状，家中制作可简化成直接使用现成的色拉酱调味，还可在此基本味道之上添加一些风味，让口感更丰满一些。法式黄芥末、意式香草醋都是不错的选择，多种调味能让色拉的口感层次更丰富，低调而醇厚。

食　材　中型土豆2个　杂菜1小碗（粟米粒 胡萝卜丁 豌豆）　上海风味大红肠1/3根　牛奶3大勺

调　料　色拉酱3大勺　法式黄芥末1小勺　香草醋1小勺　盐1小勺　白糖1/4小勺

锅　具　小汤锅

制作过程

① 土豆去皮切丁，红肠切丁。

② 杂菜在开水中焯烫 1 分钟，捞出沥干。

③ 土豆放入微波炉高火加热约 4 分钟，取出后翻拌，再次高火加热约 4 分钟至熟软。

④ 土豆趁热加入盐 1 小勺，用橡皮刮刀拌匀，晾凉备用。

⑤ 冷却的土豆内加入红肠、杂菜。

⑥ 加入白糖 1/4 小勺。

⑦ 加入香草醋 1 小勺。

⑧ 加入色拉酱 3 大勺。

⑨ 加入黄芥末 1 小勺。

⑩ 加入牛奶 3 大勺，用刮刀拌匀（勿一次全部加入，拌到喜欢的稠度即可）。

贴士

1. 土豆放入微波炉高火加热，每 4 分钟取出一次彻底翻匀，如果 8 分钟还未熟软，再加热 2 分钟，后阶段时间勿长，否则可能使土豆过于软烂。
2. 趁热将盐加入土豆中更易拌匀入味。
3. 如果家有做西点的工具橡皮刮刀，用来拌色拉最为合适，既易拌匀又不会使土豆失去棱角。如果没有，可以使用木勺轻轻翻拌。
4. 牛奶是用来调节稠度的，土豆的吸水率不同其稠度不同，所以不要一次全部加入，边拌边加到喜欢的稠度即可。

2. 酸黄瓜炒鸡米

中式材料［鸡腿］& 西式材料［酸黄瓜］

灶台能带来暖人的温度，更让人倾心的大约是它最能张扬个性。自己做菜大可是随手而为的不刻意，顺着手边的材料，和着爱吃的口味，管他是否是别人眼中的另类，自己喜欢就足够满意。家常小炒最不用考究，荤素食材拿来细细切碎，等到油锅一热，“哗”一声响后香气升腾，已是馋出了口水。鸡腿肉、胡萝卜、茭白还有酸黄瓜，有荤有素，混在一起没有相互冲突，微酸带鲜，爽利清口，配上一大碗米饭，吃的就是一份简单随性。

食　材　胡萝卜 1/2 根　茭白 1/2 根　鸡腿 1 个　酸黄瓜 4 根

调　料　盐 1/8 + 1/4 小勺　米酒 1 小勺　白糖 1/2 小勺　淀粉 1 小勺　白胡椒粉 1/8 小勺

锅　具　平底煎锅

制作过程

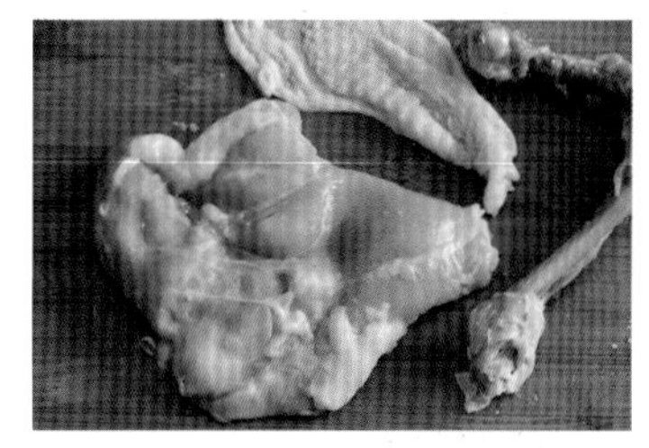
① 鸡腿去皮去骨，剔去白色筋膜。

② 鸡腿、胡萝卜、茭白、酸黄瓜切小粒。

③ 鸡腿中加入盐 1/8 小勺。

④ 加入米酒 1 小勺，拌匀。

⑤ 加入淀粉 1 小勺再次拌匀，腌制 20 分钟。

⑥ 热锅加油，加入鸡腿翻炒至变色后盛出备用。

⑦ 热锅加油，加入胡萝卜翻炒至油色变红。

⑧ 加入茭白继续翻炒约 3 分钟。

⑨ 加入酸黄瓜、鸡腿，翻炒均匀。

⑩ 加入盐 1/4 小勺。

⑪ 加入白糖 1/2 小勺。

⑫ 加入白胡椒粉 1/8 小勺，翻炒均匀出锅即可。

贴士

1. 所有食材均切成细小的粒状，虽较为费时，但更易入味，也更易快速熟透，如果怕麻烦，切成大一些的丁状也可。
2. 鸡腿肉可用猪肉代替，做法无须改动。
3. 酸黄瓜酸味浓郁，糖可略多加些，口感更佳。

3. 欧芹肉末豆腐羹

中式材料 [豆腐] & 西式材料 [欧芹]

一个家能有家味，断不能缺少厨房里的烟火气息。再贵重的装修不过是些没有温度的摆设，灶台上散发的，才是能温暖人心的气息。一整天的辛苦之后，推开门是满屋的香气，抑或是回家之后一番洗洗切切，随着食物香气的升腾，心也即刻被暖意撑满了。

最具暖意和家味的菜肴应属于汤羹。喝一口，从嘴到胃一路暖下去，连扶碗的手也一点点被温度吞噬，从内到外的暖，哪个能不动情。汤羹，虽是一个词，我觉得应该再细分一下，汤，是熬得或浓或淡的液体，食材与汤水是有边界的；而羹，是稠厚的，食材被淀粉禁锢，与液体相融，模糊了彼此的边界，形成了似汤又不同于汤的境界。

欧芹肉末豆腐羹，就是平日常吃的肉末豆腐羹，出锅之时撒几片欧芹增香。欧芹有股悠然的清香，但有苦涩的口感，故而不可过多添加，少许几片即可有清香笼罩。淡淡的香，清清的鲜，暖了胃，柔了心。

食　材　豆腐 1 块　猪腿肉 80 克　欧芹 3 小朵

调　料　盐 1/8 + 1/4 小勺　料酒 1/2 小勺　白胡椒粉 1/4 小勺　淀粉 1 小勺 + 1 大勺　水 300 毫升

锅　具　平底煎锅　汤锅

制作过程

① 豆腐切小块，猪腿肉切末，欧芹摘取叶子。

② 淀粉 1 大勺，加入少许水，搅匀成水淀粉备用。

③ 肉末内加入盐 1/8 小勺。

④ 加入料酒 1/2 小勺，拌匀。

⑤ 加入淀粉 1 小勺，拌匀后腌制 10 分钟。

⑥ 热锅加油，加入肉末翻炒至变色后盛出。

⑦ 汤锅内加入水 300 毫升，加入豆腐煮开。

⑧ 加入肉末，再次煮开。

⑨ 加入盐 1/4 小勺。

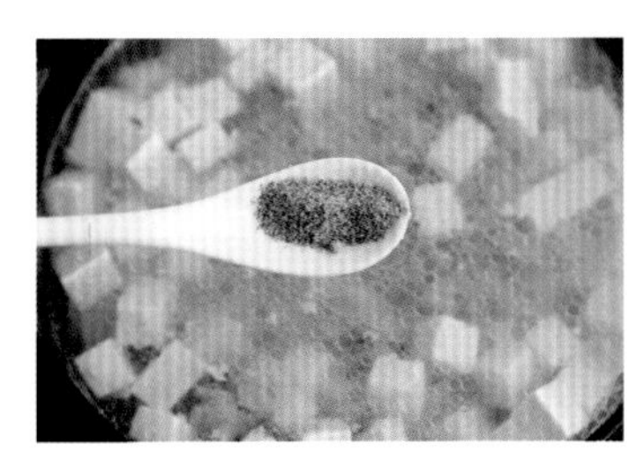
⑩ 加入白胡椒粉 1/4 小勺。

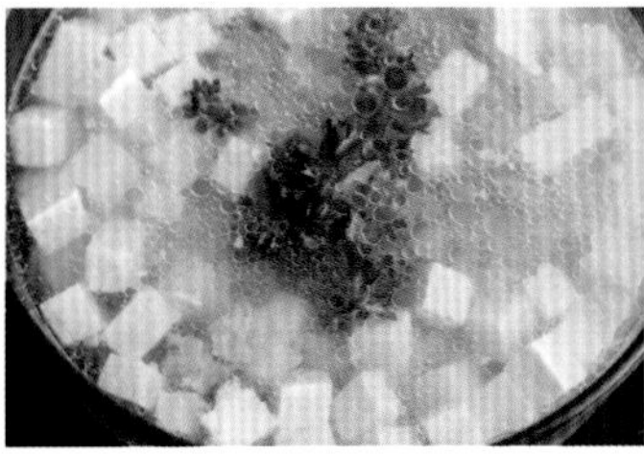
⑪ 加入欧芹，轻轻搅匀。

⑫ 边搅动边加入水淀粉，至汤汁变稠后即可。

贴士

1. 欧芹虽有清新的香气，但有明显的苦涩味道，所以只需一点点增香即可，勿过多添加。
2. 做汤羹选择嫩一些的豆腐，口感更佳。
3. 勾芡时需要轻轻搅动的同时再淋入水淀粉，不要一次倒入过多，少量多次添加更容易控制稠度。

4. 香草烘蛋

中式材料［土豆］& 西式材料［意大利综合香草］

做菜的思路被禁锢，是件挺恼人的事，一日三餐的轮回，没几次就又是一轮周而复始，日子久了味觉就倦了。其实要做花样百出的佳肴也非难事，只要放开传统意义上的味道局限，随着性子自由发挥，真是没有对错可言，好吃就是全部。

做菜不过就是调料与食材的搭配，匹配得好，就是珍馐美馔，搭配错了不过是不好吃而已，不必为此限制自己的自由发挥，每一次尝试，你怎知不会是一次绝美的传世之作。土豆、鸡蛋、洋葱的组合，照着平常的思路，几乎不会同时出现在一个锅中，换个角度，却有了新的定义。土豆和洋葱放入打好的蛋液内，再撒上一把意大利综合香草，倒入锅中慢慢凝固成饼状，翻面再继续烘一会儿即可出锅。鸡蛋裹着软糯的土豆和被炒香的洋葱，香草的香味四散开来，这样的美味能不诱人吗？

食　材　鸡蛋 4 个　土豆 1/2 个　洋葱 1/4 个　小葱 2 根

调　料　盐 1/4 小勺　意大利综合香草 1 小勺　味淋 1 小勺

锅　具　平底煎锅

制作过程

① 洋葱、小葱切末。

② 土豆切小丁，微波炉高火加热约 4 分钟至熟软，晾凉备用。

③ 热锅内加少许油，加入洋葱炒至变软，晾凉备用。

④ 鸡蛋打散。

⑤ 加入盐 1/4 小勺。

⑥ 加入味淋 1 小勺。

⑦ 加入意大利综合香草 1 小勺。

⑧ 加入葱末。

⑨ 加入熟土豆。

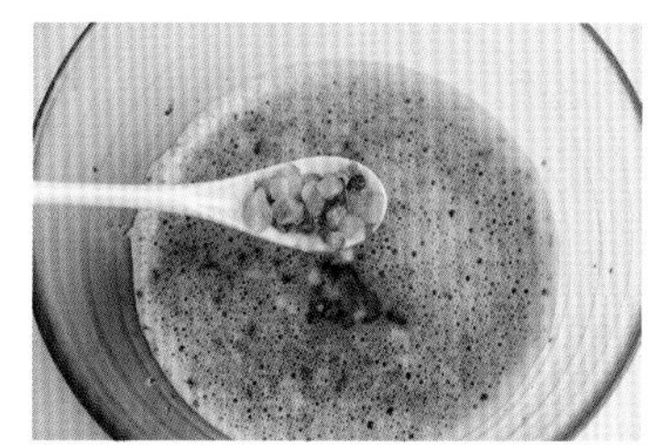

⑩ 加入熟洋葱，搅匀。

⑪ 热锅加油，倒入蛋液，小火慢煎。

⑫ 直至表面完全凝固后再翻面，继续小火煎片刻即可出锅。

贴士

1. 蛋液中需要加入熟的土豆，否则不易煎熟。
2. 洋葱可随个人喜好直接使用生的，味道更辛辣。
3. 锅内的油多，煎出的蛋较为蓬松；油少则相对紧实，但更有风味，可按个人喜好添加。
4. 煎制的时候火尽量小些，过高的温度会使蛋表面焦黑，而内部尚未熟透。

5. 紫苏虾肉藕盒

中式材料［虾仁］& 西式材料［紫苏］

莲藕是我爱吃的食材，多用来炒着吃，或加糖醋或加酸辣，也可拿来煮汤，再复杂些就是煮成糯米糖藕。炸藕盒是传统菜肴，很多地方的人都爱食这一道莲藕菜。我的改动不过就是添了紫苏一起炸，另将猪肉馅替换成了虾仁鸡肉馅，外观上有些许改变，味道也是有些惊喜的。虾仁与鸡肉在料理机里打碎，莲藕切成两片相连的厚片，夹上馅儿，裹上一片紫苏，再裹上面糊，最后在油锅里炸成金黄色。紫苏微带苦味，但是裹糊炸过的紫苏就不同，恼人的苦味不见了，酥酥脆脆的，异常好吃。虾仁与鸡肉的组合也是鲜上加鲜，与紫苏一道给莲藕丰富了口感。烹饪了能让人满足的食物便有几分自得，灶台边的乐趣莫过于此。

食　材　鸡腿 100 克　虾仁 60 克　莲藕 400 克　小葱 1 根　生姜 1 小块　鸡蛋 1 个　紫苏 10 片　低筋面粉 50 克　泡打粉 1 小勺

调　料　盐 1/6 ＋ 1/8 小勺　白糖 1/8 小勺　白胡椒粉 1/8 小勺　料酒 1 小勺　色拉油 1 大勺　水 50 毫升

锅　具　汤锅

制作过程

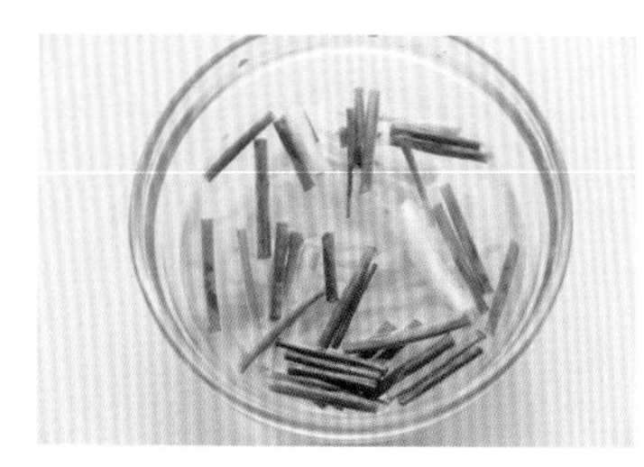

① 生姜去皮切丝，小葱切段，加入少许水。

② 用料理棒打成液体，即为葱姜汁，备用。

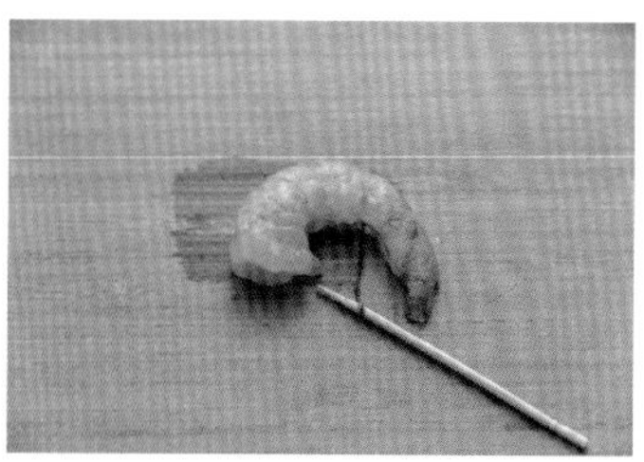

③ 虾仁挑去虾肠。

④ 鸡腿去骨去皮，剔除白色的筋膜，切成小块。

⑤ 藕去皮，切一刀至 2/3 处，留 1/3 处不要切断，形成两片相连的藕夹。

⑥ 将虾仁与鸡肉放入料理机。

⑦ 加入盐 1/6 小勺。

⑧ 加入白糖 1/8 小勺。

⑨ 加入料酒 1 小勺。

⑩ 加入白胡椒粉 1/8 小勺。

⑪ 加入葱姜汁 1 小勺。

⑫ 鸡蛋 1 个磕破，取蛋清 1 大勺，加入馅料中。

⑬ 加入色拉油 1 大勺。

⑭ 用料理机打成黏稠的肉糜状，即为内馅儿。

⑮ 低筋面粉 50 克放入容器内，加入泡打粉 1 小勺。

⑯ 加入盐 1/8 小勺。

⑰ 加入剩下的鸡蛋。

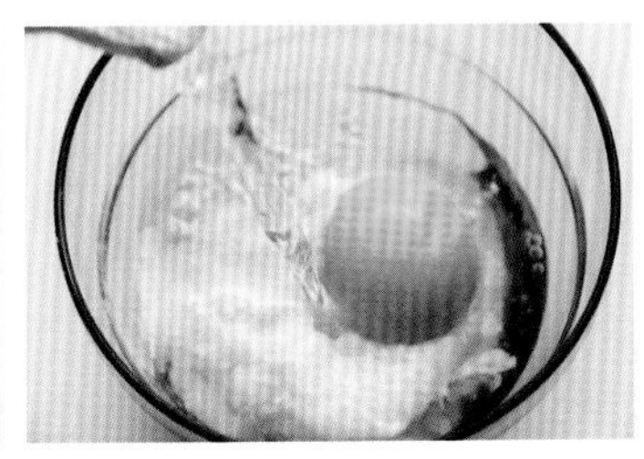

⑱ 加入水 50 毫升。

⑲ 搅匀成均匀无颗粒的糊状，即为炸糊。

⑳ 莲藕夹入适量馅儿。

㉑ 在莲藕表面包裹一片紫苏。

㉒ 浸入炸糊，蘸满表面。

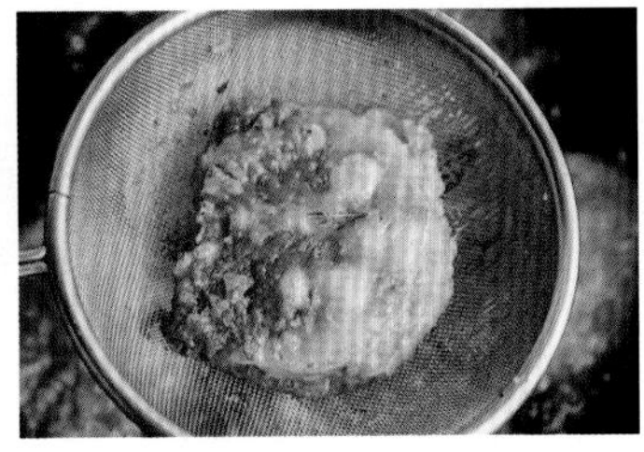

㉓ 热锅内加较多油，加热至约 180℃，中火炸约 6 分钟至表面金黄色即可。

贴士

1. 制作葱姜汁的过程可替换为直接使用葱末和姜末。
2. 低筋面粉和泡打粉均能使炸出的外壳蓬松香脆，在出售西点原料的铺子可以购得。
3. 鸡蛋使用 1 个，做馅儿时先取用 1 勺蛋清，剩余的放入炸糊中，不必另取。
4. 紫苏经过炸制后微苦的口感会消失，即使不喜欢这苦味的人，应该也能接受。

6. 红椒豆腐肉饼

中式材料［豆腐］& 西式材料［匈牙利红椒粉］

合适的组合总能带来最佳效果。当某一食物单独呈现时，有味但亮点稍欠，但当它与另一种食材组合时，就会呈现与众不同的叠加效应，两者结合后的口感远胜于单独食用。

这样的组合，尤以豆腐与肉相伴最为美妙。豆腐原本清淡味寡，倘若配上肉同煮，豆腐里充满肉香，肉中充盈着豆腐的醇厚，既融合又独立的口感，最是与众不同。这一款红椒豆腐肉饼，是将豆腐与肉彻底融合，而非保留各自原本形态。豆腐碾碎，肉切末，一起搅搅拌拌，在手中捏合成饼，表面再粘满喷香的芝麻，入锅一煎，顿时香气飘散。除此之外，另加了红椒粉增香，红椒粉色泽红艳但并不辛辣，因它是由甜椒制成的，取了甜椒的香和色，又没有辣椒的刺激，加入豆腐中能保持其原本清新的味型。又香又松的口感，烫嘴的温度，肉香和豆腐香，一切都恰到好处。

食　材　老豆腐 250 克　猪腿肉 125 克　熟白芝麻 2 大勺　姜 1 小块

调　料　匈牙利红椒粉 1 大勺　盐 1/2 + 1 小勺　白糖 1/4 小勺　米酒 1/2 小勺　芝麻油 1 小勺　白胡椒粉 1/6 小勺　淀粉 2 大勺

锅　具　汤锅　平底煎锅

制作过程

① 锅内加水，放入豆腐。

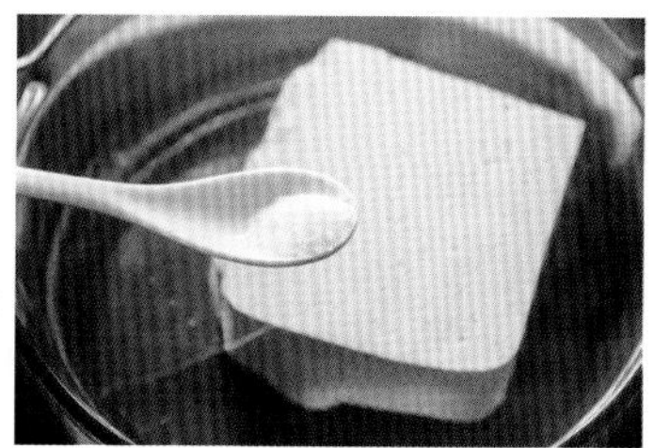

② 加入盐 1 小勺，水开后煮约 2 分钟，捞出晾凉。

③ 豆腐用刀压碎，肉切末，生姜挤出姜汁。

④ 豆腐放入干净的纱布中，用力挤干水分。

⑤ 挤干的豆腐和肉末放入容器内。

⑥ 加入盐 1/2 小勺。

⑦ 加入白糖 1/4 小勺。

⑧ 加入白胡椒粉 1/6 小勺。

⑨ 加入芝麻油 1 小勺。

⑩ 加入米酒 1/2 小勺。

⑪ 加入姜汁 1/2 小勺。

⑫ 加入匈牙利红椒粉 1 大勺。

⑬ 加入淀粉 2 大勺，搅拌均匀。

⑭ 取适量在手心中搓圆，轻轻压成圆饼状。

⑮ 盘内加入白芝麻 2 大勺，放入豆腐肉饼，蘸满两面。

⑯ 热锅加油，加入豆腐肉饼煎制，待肉饼成形并有明显弹性出锅即可。

贴士

1. 成品约 8 个量。
2. 老豆腐的豆腥味比较明显，可先在水中加盐略煮，以减轻豆腥味。
3. 豆腐的水分要尽量去除，否则不易成形，入锅煎制时会散开。
4. 匈牙利红椒粉并不辛辣，是甜椒的味道，色泽美丽，所以喜欢的话可以多添加些。

7. 鸡蛋黄瓜色拉

中式材料［黄瓜］& 西式材料［蛋黄酱］

鸡蛋入菜，拿来炒制的最多。最简单的就是与京葱一起打散，入热油锅快速炒散，一盘色泽金黄的炒鸡蛋就能迅速将你的味蕾俘获。但通常用鸡蛋做的菜式很少拿来摆盘，因是太过朴素的姿态，怎么摆都是一副不起眼的样子。这就要拓展思路，借鉴西式的小工具，简简单单的鸡蛋也会有引人注目之处。

鸡蛋黄瓜色拉，主角就是最平凡的白煮蛋。煮好的鸡蛋分开蛋黄和蛋白，分别拌上色拉酱，蛋白铺在黄瓜上，蛋黄装入裱花袋后在蛋白上挤出小小的花样，不消5分钟，一道小凉菜就能制作完成。过程和原料极其简单，但呈现在面前的效果却不容小觑。碧绿的黄瓜，雪白的蛋白，再点缀上金灿灿的蛋黄，单看色泽已经十分抢眼，引得人只想一尝为快。

美食无定律，谁说只有精贵的食材才有夺目之处？精致的外形、美妙的口感由简单的食材缔造，这才是王道。

食　材　鸡蛋 3 个　黄瓜 1 根

调　料　蛋黄酱 2 大勺　盐 1/8 + 1/8 小勺　白糖 1/8 + 1/8 小勺　研磨胡椒少许

制作过程

① 鸡蛋煮熟后晾凉。

② 黄瓜切段。

③ 分开蛋黄和蛋白，蛋白切碎成小粒。

④ 蛋黄内加入盐 1/8 小勺。

⑤ 加入白糖 1/8 小勺。

⑥ 加入蛋黄酱 1 大勺。

⑦ 磨入少许胡椒，碾压拌匀成糊状。

⑧ 蛋白内加入盐 1/8 小勺。

⑨ 加入白糖 1/8 小勺。

⑩ 加入蛋黄酱 1 大勺。

⑪ 磨入少许胡椒，拌匀。

⑫ 拌匀后的蛋黄装入裱花袋。

⑬ 黄瓜上铺一层蛋白。

⑭ 再挤上蛋黄即可。

贴士

1. 不用裱花嘴的话就将蛋黄和蛋白一起调味，而后用勺子舀在黄瓜上，同样美观。
2. 蛋黄不用单独切碎，用勺子碾压即可成糊状；碾压时要均匀，避免出现颗粒残留，否则容易堵住裱花嘴，不易成形。

8. 意式油醋汁**拌蛋皮丝** 中式材料［香菇］& 西式材料［意式香草醋］

如今下厨，较之以往已是便捷许多，所有想要品尝的风味几乎都能找到现成的调味品，味道的浓淡甜咸，都有现成的调味料可买，拿来调入锅中，怎么都有一番与想象大致相同的味道。

调味料得来容易，家厨的出品自然随之花样百出。只需备好食材，放入调料，基本的味型就在了。这于我们来说是一种解放，轻易就能制成的味道，不说可以获得十足的正宗，有个七八分像，也已然足够，毕竟是足不出户坐拥了天下之味。得到的比付出的多，怎么不洋洋得意呢？

简单一盘蛋皮丝，拌上蔬菜，拌上意式香草醋和橄榄油，一下显得异国风味浓郁，功劳都在意式调料上。今天的下厨不再只是忙到灰头土脸的狼狈，有调料相助，会是一番事半功倍的享受。

食　材　鸡蛋 3 个　新鲜香菇 3 朵　莴笋 1/4 根　香菜 1 根

调　料　橄榄油 1.5 大勺　意式香草醋 2 大勺　黄芥末 1 小勺　味淋 1 小勺　盐 1/8 + 1/8 + 1/6 小勺　白糖 1/4 小勺　研磨胡椒少许

锅　具　平底煎锅

制作过程

① 莴笋刨丝，香菇切片，香菜切段。

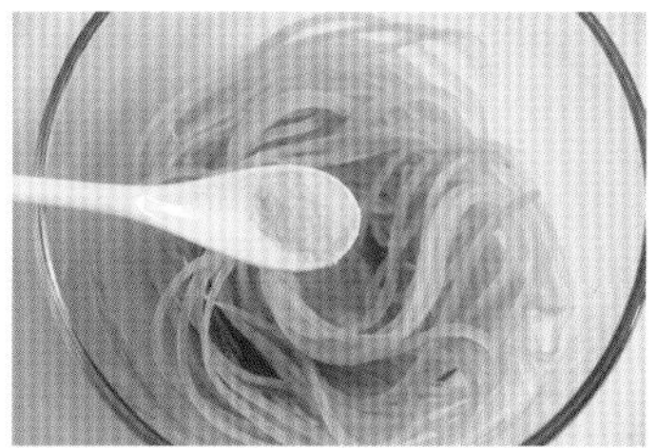

② 莴笋内加入盐 1/8 小勺，拌匀后腌制 10 分钟。

③ 腌制好的莴笋用手捏出水分。

④ 锅内加热油，加入香菇翻炒变软，晾凉备用。

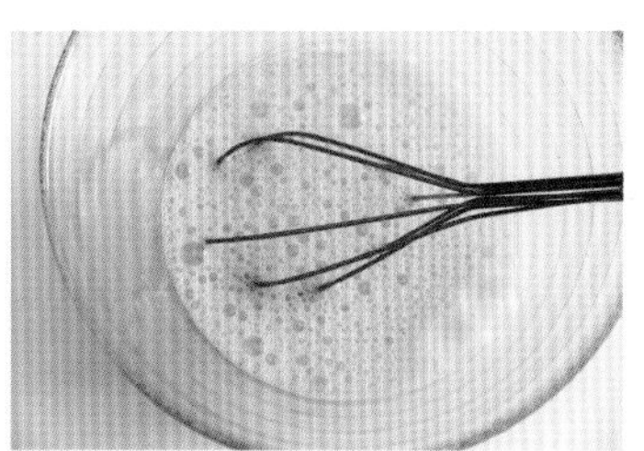

⑤ 鸡蛋打散。

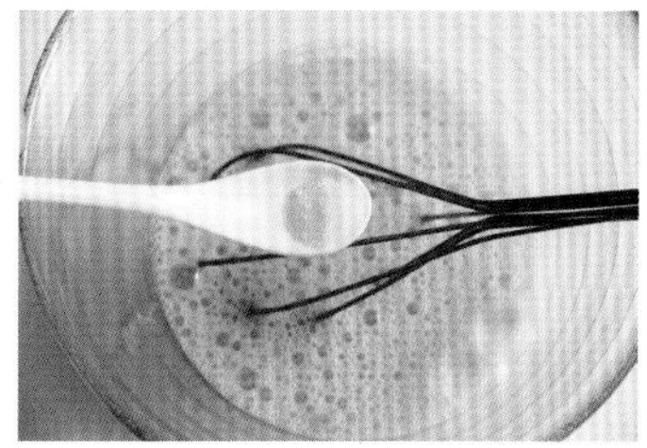

⑥ 加入盐 1/6 小勺。

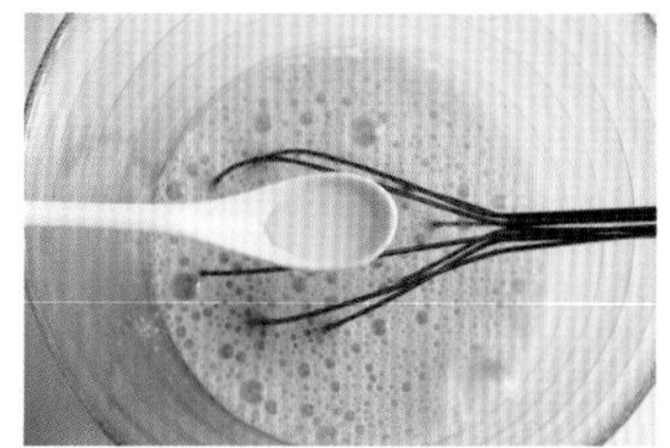

⑦ 加入味淋 1 小勺，搅匀。

⑧ 平底煎锅刷上一层薄油。

⑨ 倒入蛋液，铺满锅底。

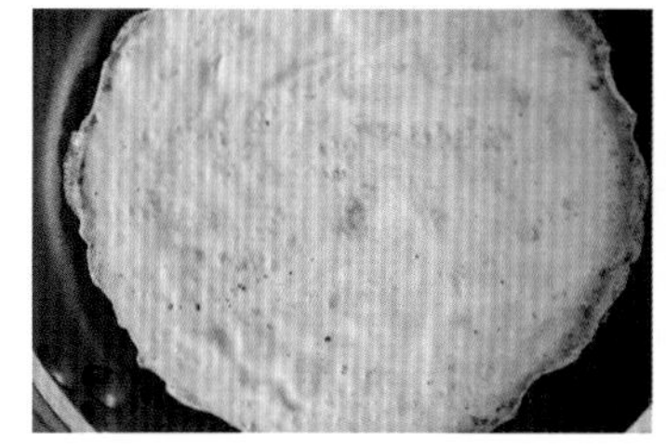

⑩ 小火煎至表面凝固后翻面，再煎片刻至凝固。

⑪ 蛋皮凉后切丝。

⑫ 蛋皮、莴笋、香菇、香菜放入容器内。

⑬ 加入盐 1/8 小勺。

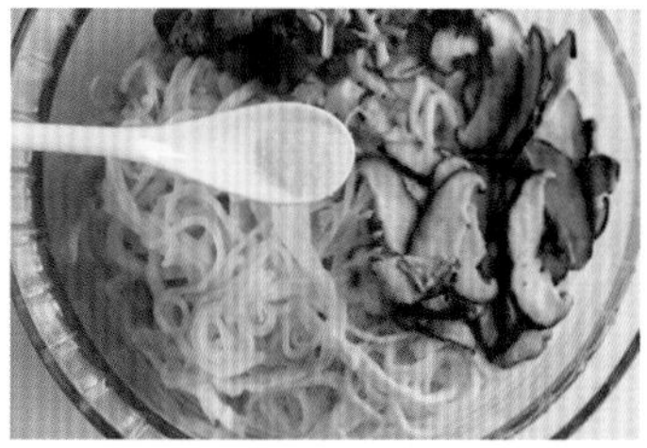

⑭ 加入白糖 1/4 小勺。

⑮ 加入橄榄油 1.5 大勺。

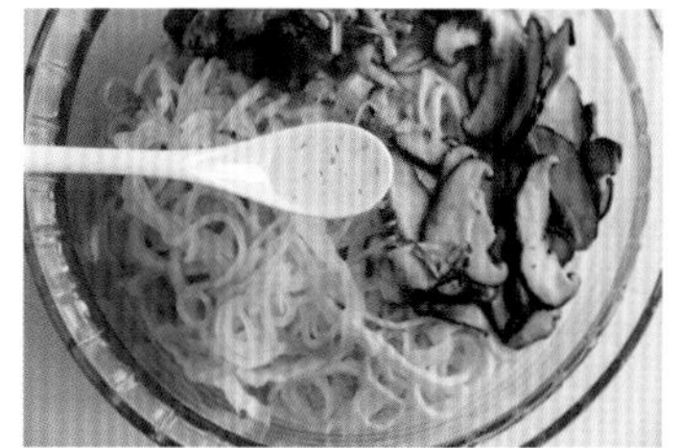

⑯ 加入意式香草醋 2 大勺。

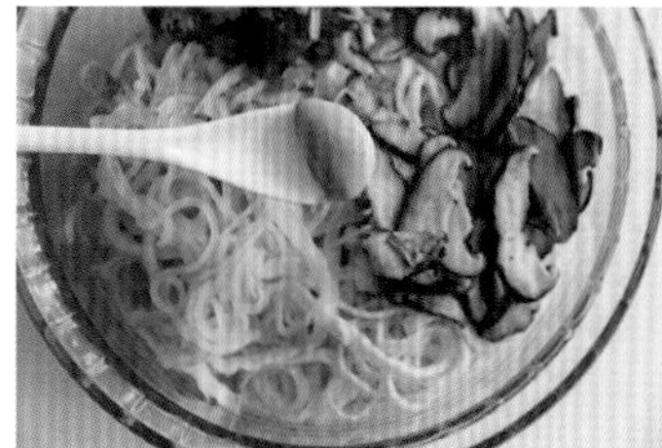

⑰ 加入黄芥末 1 小勺。

⑱ 撒入少许胡椒，拌匀即可。

贴士

1. 莴笋可以生食，加盐先腌制一会儿可以去除生涩的味道。如果不喜生食，用少许油炒熟晾凉后再拌入。
2. 腌制好的莴笋用力挤干水分，否则会使拌好的凉菜汤水过多；另外可以加大腌制时的盐量，腌好后冲净再挤干。
3. 所有食材均要等凉透后再拌调料。
4. 凉菜的咸味会比较易显，所以在加盐的时候，勿一次加多，先少量，味淡再添。

9. 豆皮包

中式材料［豆腐皮］& 西式材料［早餐火腿］

与人交往，总免不了以食增情。当嗅着食物的香气，品着食物的味道，便开始心无城府起来。距离在食物的推动下被拉近，生分与疏远也开始融化，食物暖了胃，更暖了彼此之间的气息。食物在与人交往中从果腹上升到了提升情感的精神层面。一次筵席除了收获美味，更能收罗无数温情，实在的口腹之欲得以满足外，心里头存着的情谊也释放开来，身心皆舒畅。

既说食物有此精神层面的魔力，宴客总是不可避免的。用简单的方法做出惊艳的效果绝非难事，甚至是造型上的小改变，结果也是让人欣喜的。豆腐干、香菇和火腿切丁同炒，随后包入豆腐皮中，用芹菜扎紧，上笼蒸热后淋上芡汁，似朵朵盛放花儿的豆皮包就做好了。此菜中用到的火腿，即是平常用来做三明治的西式肉肠，因肉肠本已调味，只需改刀即可入锅，在时间上可省去不少。也因肉肠的味道浓郁，用来做馅料只需蚝油调味，便可避免内馅过于清寡。

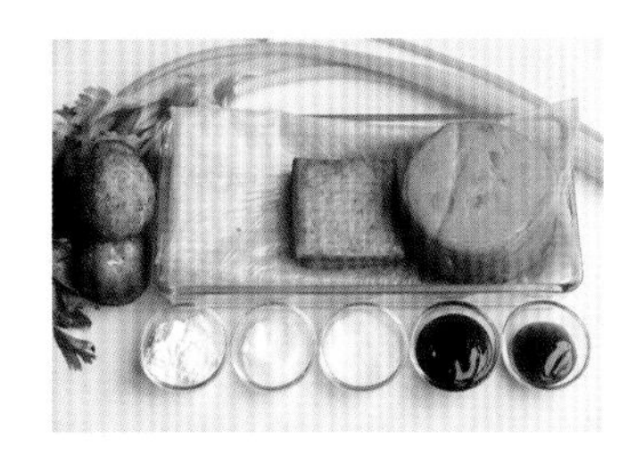

食　材　豆腐皮 1 大张　新鲜香菇 2 朵　豆腐干 50 克　芹菜 1 根　早餐火腿 50 克

调　料　盐 1/8 + 1/8 小勺　白糖 1/4 小勺　蚝油 2 小勺　鲍鱼汁 1 大勺淀粉 2 小勺　水 150 毫升

锅　具　蒸锅　平底煎锅

制作过程

① 豆腐干切成细小的粒，香菇切成细小的粒，火腿切成细小的粒。

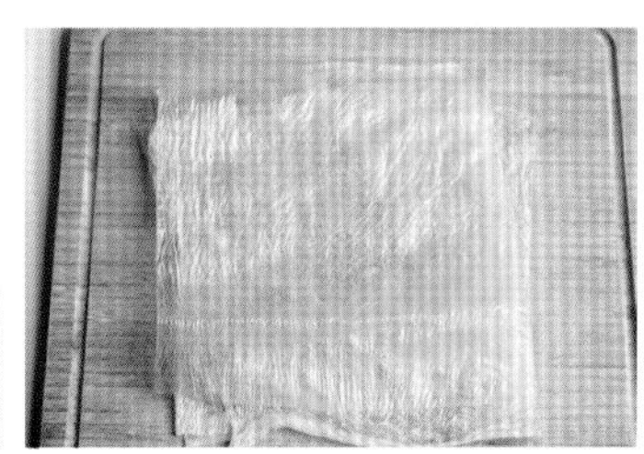

② 豆腐皮裁成方形。

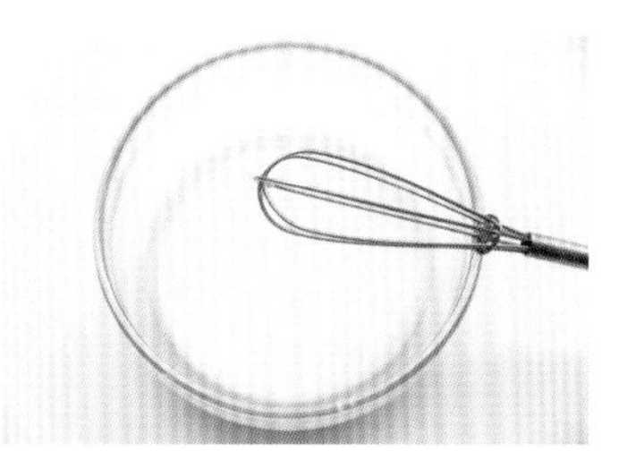

③ 淀粉 2 小勺，加入少许水搅匀成水淀粉备用。

④ 芹菜在开水中焯烫 1 分钟，捞出后扯成细丝。

⑤ 热锅加油，加入豆腐干和香菇翻炒片刻。

⑥ 加入少许水，加盖焖煮 5 分钟至水分收干。

⑦ 加入火腿，炒匀。

⑧ 加入盐 1/8 小勺。

⑨ 加入白糖 1/4 小勺。

⑩ 加入蚝油 2 小勺，炒匀后晾凉。

⑪ 取适量炒好的馅，放在豆腐皮的中央。

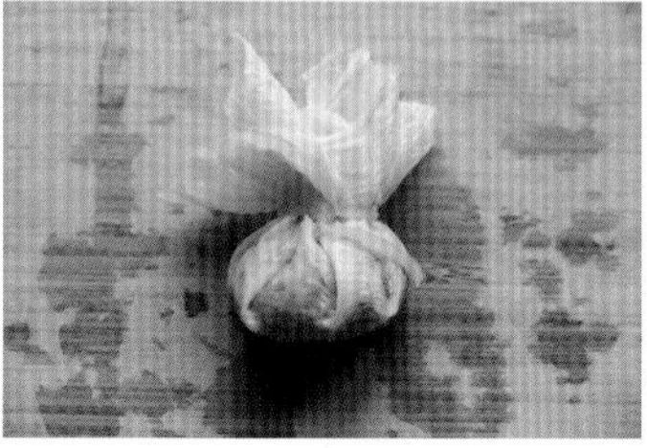

⑫ 捏起四角后向中间聚拢，用芹菜丝扎紧。

⑬ 全部包好后，放入水已烧开的蒸锅内蒸制 5 分钟后取出。

⑭ 另取一锅，加入水 150 毫升。

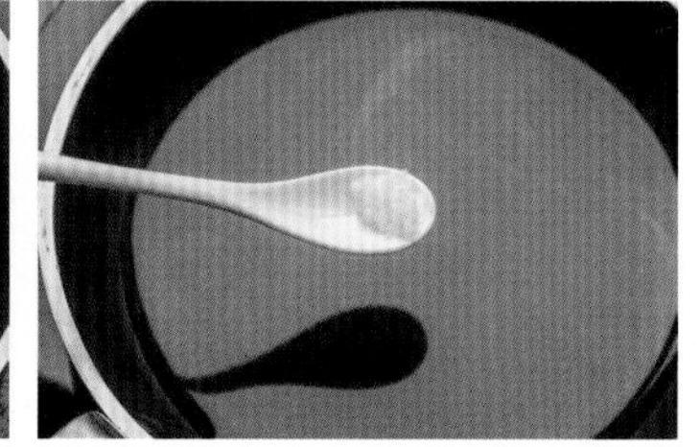

⑮ 加入盐 1/8 小勺。

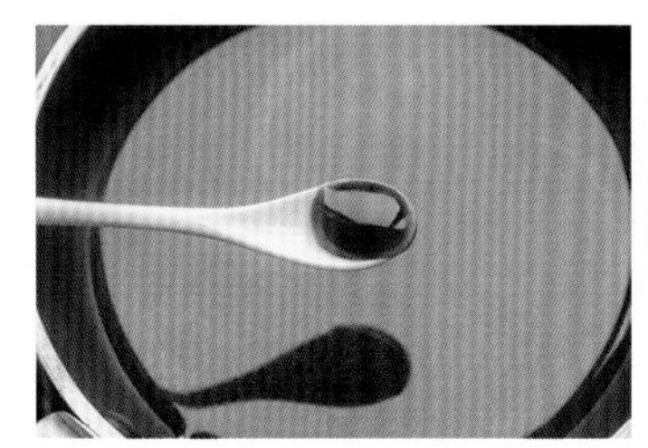

⑯ 加入鲍鱼汁 1 大勺，大火煮开。

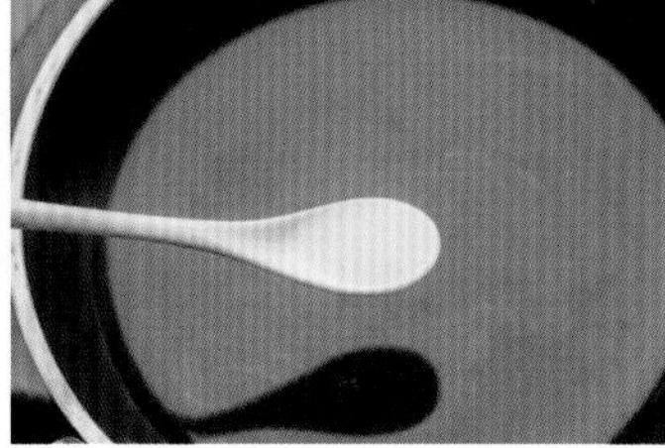

⑰ 边搅动边淋入水淀粉，至汤汁浓稠，即为芡汁。

⑱ 将芡汁淋在蒸好的豆皮包上即可。

贴士

1. 豆腐干、香菇和火腿尽量切细小。虽然比较耗时，但成品的口感较好。
2. 火腿本身已有足够咸味，所以炒馅时的调味不必太重，否则易过咸。
3. 如果觉得干的豆腐皮不容易包制，将其打湿便可轻松包制。
4. 除了芹菜，小葱、韭菜都可以用来扎豆皮包，在开水中烫软即可。
5. 包制完成后只需将豆皮包蒸软，内馅蒸热，所以蒸 5 分钟左右即可。

10. 凉拌薄荷肉片

中式材料［五花肉］& 西式材料［薄荷］

味觉属最难以满足的感官之一，人们往往想在获得丰腴口感的同时让清新一齐充盈，认为层次分明的递进和纠缠一同占据味蕾，才是巅峰般的享受。

丰腴之类的不外乎五花肉，三层肥三层瘦外加一层糯软的肉皮，一嚼下去，油脂满溢，满嘴的馥郁丰腴，让人大呼过瘾。不过这般也非至高的味觉享受，添些能缓解油腻感的清爽之味，才算是给味觉最好的享受。给五花肉找配角有点不易，得有足够的清新以解油腻，但清新之物多是淡淡的味型，难以抑制。目光转向香草，薄荷便是个中去腻的佼佼者，虽少用于与肉类搭配，但一试之下，倒也有几分独到之处。薄荷有悠然的香气和微凉清透的口感，配上丰腴的五花肉，嘴里都是纠缠不清的亦浓亦淡，落入胃中，舌尖依然有清新与馥郁的余味，多食了也不腻口，何等享受。

食 材 五花肉 200 克　小葱 2 根　生姜 1 小块　熟白芝麻 7 克　薄荷 50 克

调 料 盐 1/8 小勺　白糖 1/4 小勺　料酒 1 大勺　辣椒粉 20 克（中等粗细）　菜籽油 200 毫升　生抽 2 小勺　陈醋 1 小勺

锅 具 汤锅

制作过程

① 生姜去皮切片，小葱切段，薄荷摘取嫩叶。

② 锅内加入冷水，加入五花肉。

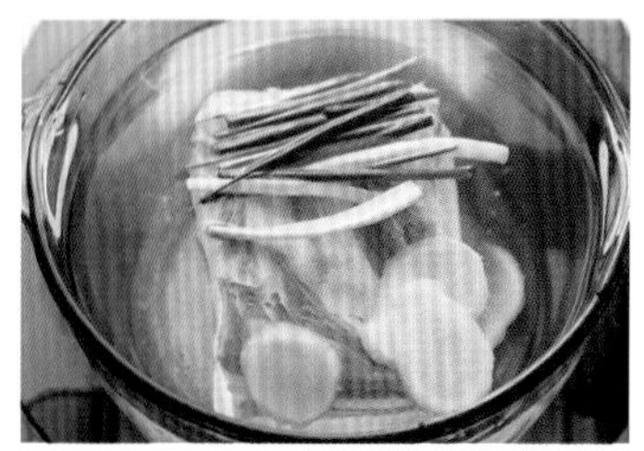

③ 加入小葱、生姜。

④ 加入料酒 1 大勺，大火煮开，转中火煮 30 ～ 40 分钟至肉酥软，取出晾凉。

⑤ 辣椒粉和白芝麻放入耐热容器中。

⑥ 菜籽油加热至还未出现青烟的程度。

⑦ 取菜籽油 2 大勺，加入芝麻辣椒粉内。

⑧ 拌匀。

⑨ 继续加热菜籽油至开始冒出青烟的程度，即刻倒入芝麻辣椒粉中，即为辣椒油。

⑩ 凉透的五花肉切薄片。

⑪ 加入薄荷。

⑫ 加入盐 1/8 小勺。

⑬ 加入白糖 1/4 小勺。

⑭ 加入生抽 2 小勺。

⑮ 加入陈醋 1 小勺。

⑯ 加入辣椒油 2 大勺，拌匀即可。

贴士

1. 五花肉等凉透后再切片，更易切整齐。
2. 辣椒油的做法就是油泼辣子，分两次加热油是为了避免油温过高使辣椒焦煳。加热至开始有青烟出现即可，大量青烟的状态还是会焦煳，但如果油不够热的话，辣椒的香味是无法激发的。
3. 做辣椒油的辣椒粉最好选择中等粗细的，口感最佳。
4. 五花肉的油脂较多，凉后就会凝结，所以这道菜在室温较高时更适合食用。

11. 茴香头小炒

中式材料［猪腿肉］& 西式材料［茴香头］

家常小菜的魅力在于形简而味不减，外形上的朴素与味道上的适口，都散发着不张扬的温和气质。居家过日子的小菜，多是简素的，从选材到烹饪都是简明扼要和干脆利落，没有过多费神的准备工作，食材入手一切一炒，撒上最基本的调味料即可上桌，看似简素却有百吃不厌的魅力。

小炒类便是个中代表。球茎茴香与肉各自切丝，入油锅一炒，出锅前加入盐和糖调味便得。球茎茴香是在欧美比较受欢迎的蔬菜，并不常用在中式菜肴的烹饪里，但它的茎叶可用来制作饺子馅，有浓郁的特殊香气。球茎茴香并无其茎叶浓郁略冲鼻的气味，更多的是嫩而清香，入口要柔和许多，故而受不了茴香叶味道的人，大约也是可以接受的。

食　材　猪腿肉 100 克　茴香头 2 个（约 300 克）

调　料　盐 1/8 + 1/4 小勺　白糖 1/4 小勺　米酒 1 小勺　生抽 1 小勺　色拉油 1 小勺　淀粉 1/2 小勺

锅　具　平底煎锅

制作过程

① 猪腿肉切丝，茴香头切丝。

② 腿肉内加入盐 1/8 小勺。

③ 加入米酒 1 小勺。

④ 加入生抽 1 小勺，拌匀。

⑤ 加入淀粉 1/2 小勺，拌匀。

⑥ 加入色拉油 1 小勺，拌匀，腌制 15 分钟。

⑦ 热锅入油，加入肉丝翻炒至变色后盛出。

⑧ 另起锅热油，加入茴香头翻炒约 2 分钟。

⑨ 加入肉丝。

⑩ 加入盐 1/4 小勺。

⑪ 加入白糖 1/4 小勺，炒匀出锅即可。

贴士

1. 腌制肉丝时加入一点油，可以使肉丝更嫩，在炒制时也更易滑炒，不粘连。
2. 茴香头没有茴香那么浓郁的味道，对于不喜欢茴香味的人来说，茴香头可能更易接受。
3. 肉丝炒变色后要盛出，如果留在锅内与茴香头同炒，延长了烹饪时间会使肉质变老。

12. 滑炒牛肉丁

中式材料 [牛里脊] & 西式材料 [红酒]

果腹之餐，何谓最佳？我最偏爱味浓、无骨的小炒。这样的小菜吃起来可以“没心没肺”，连菜带饭，不必费力，更不伤神，只管大口咀嚼便是。一碗米饭在几分钟内就被一扫而净，还有什么比这样的结果更适合果腹呢，看看空空如也的饭碗，不必再多言。

滑炒牛肉丁，完全符合我对果腹小菜的定义。将牛里脊切丁，放入小苏打、蚝油、老抽和红葡萄酒腌制入味，滑油后滤去油脂，再与同样切丁的黄瓜和茭白同炒，加点黑椒汁和盐，最后撒入一点胡椒粒，味浓无骨的小炒便完成了。腌制牛肉的小苏打多用于西式蛋糕的制作，可以使蛋糕蓬松可口，同样也可以让牛肉更为嫩滑，红葡萄酒亦然，用果子酿造的酒都可以为肉类去味增香。

食　材　牛里脊 200 克　黄瓜 1 根　茭白 1 根

调　料　小苏打 1/4 小勺　红葡萄酒 2 小勺　黑椒汁 2 小勺　盐 1/4 小勺　蚝油 1 小勺　老抽 1/4 小勺　研磨胡椒少许

锅　具　平底煎锅

制作过程

① 牛里脊、黄瓜、茭白切丁。

② 牛里脊内加入小苏打 1/4 小勺。

③ 加入老抽 1/4 小勺。

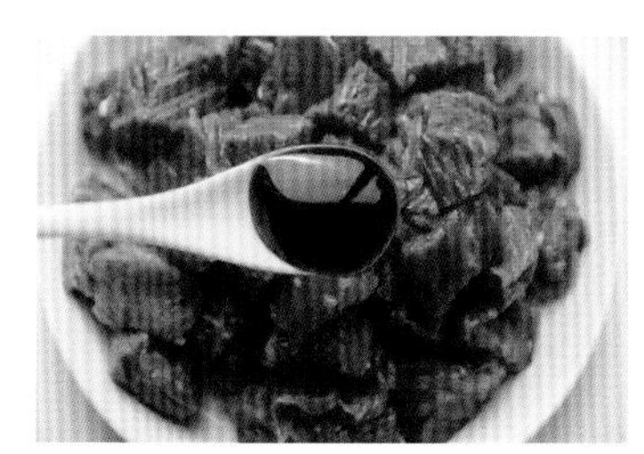

④ 加入蚝油 1 小勺。

⑤ 加入红葡萄酒 2 小勺，拌匀后腌制 20 分钟。

⑥ 热锅加较多油，加入牛里脊，快速翻炒至变色后盛出。

⑦ 锅内的油倒出，留少许，加入茭白翻炒片刻。

⑧ 加入少许水，加盖煮约 5 分钟。

⑨ 加入黄瓜略翻炒。

⑩ 加入牛里脊。

⑪ 加入盐 1/4 小勺。

⑫ 加入黑椒汁 2 小勺。

⑬ 撒入少许胡椒粒，快速翻匀后出锅即可。

贴士

1. 小苏打可以使牛肉更嫩，少许即可。
2. 红葡萄酒与黑胡椒的味道更易融合，如果使用料酒或米酒也可。
3. 牛肉需要使用较多的油快速锁住水分才更鲜嫩，所以炒制时的用油需要铺满锅底，炒好后可倒出多余的油。

四、中西合璧之素食清幽

ZHONGXIHEBI ZHI SUSHIQINGYOU

蔬菜多为清淡味型，烹饪时既可以保持原味为主，也可用味道浓郁的调味料为蔬菜添味。烹饪方式也因蔬菜的品种不同有所区别，叶菜类蔬菜不适合久煮，可用快炒、焯水、凉拌等方式保持其色泽和清香；菌菇类蔬菜可以适用多种烹饪方式，无论久炖还是煎炒，都能激发菌菇的鲜味；果实类和块茎类蔬菜，可以稍延长烹饪时间，使其更为入味。

1. 鲍汁白芦笋烩菌菇

中式材料［鲍鱼汁］& 西式材料［白芦笋］

蔬菜的口感相较于肉类是截然不同的，但菌菇不在此列。众多以蔬菜为原料的仿荤膳食皆以菌菇为主材，蒙上眼吃，真还有那么几分真假难辨。

菌菇的烹饪大约也是最易掌控的，因菌菇不同于其他蔬菜需要吸取同煮食材的味道才能鲜香可口，就算只用白水来煮菌菇，也能煮出一锅的鲜香。各色菌菇在锅中炒出香味，加点水煮开后略炖，加些鲍鱼汁调味增鲜，出锅前勾上芡汁就是一锅鲜到极致的简约菜品。做烩菌菇时还可加些白芦笋同煮以丰富口感。如今各色材料十分容易搜寻，西餐里常见的白芦笋和原本只有厨师才会熬的鲍鱼汁，都能轻易地在超市购得。像这样味道一流的各式菜肴，不再是家庭烹饪无法企及的彼岸，只要有心寻找食材，都可以做得有模有样。

食 材 盐水白芦笋 4 根　新鲜香菇 3 朵　杏鲍菇 1 根　蟹味菇 1 把　香菜 1 根

调 料 盐 1/4 小勺　鲍鱼汁 1 小勺　淀粉 1 大勺

锅 具 汤锅

制作过程

① 白芦笋、蟹味菇切段，杏鲍菇、香菇切条，香菜摘取叶子。

② 淀粉 1 大勺，加入少许水，搅匀成水淀粉备用。

③ 热锅内加油，加入蟹味菇、香菇、杏鲍菇翻炒至变软。

④ 加入水，淹过菌菇，加盖，中小火炖煮约 20 分钟。

⑤ 加入白芦笋。

⑥ 加入盐 1/4 小勺。

⑦ 加入鲍鱼汁 1 小勺，轻轻搅匀。

⑧ 一边轻轻搅动，一边淋入水淀粉，至浓稠。

⑨ 撒上香菜叶子出锅即可。

贴士

1. 这里使用的白芦笋是瓶装的，很嫩，煮制的时候要轻轻搅动，否则易碎。
2. 菌菇用油煸炒后再煮，会比直接煮制口感更好。
3. 菜品的稠度可按喜好调整，水淀粉加得越多越稠。如果不添加水淀粉，最后的菜品就是汤。

2. 百里香煎焙杏鲍菇

中式材料 [杏鲍菇] & 西式材料 [百里香]

若你是个爱烹饪的人，定会觉得厨房里总散发着某种独到的魅力，诱惑着你。平常无奇的食材，在厨房里切切煮煮，随着香气飘散，一碟美食便缤纷呈现。无论你善不善于厨艺，一样可以做出自己的独到美食。独到的不是烹饪的难度或味道，而是亲手烹饪美食的那份心情。自己烹饪食物可以是随性的，放什么样的佐料、配什么样的食材，只要是自己喜欢的就尽情发挥，不必刻意拘泥于别人的配方。嗜甜、嗜咸、嗜酸还是嗜辣，在别人的配方里找不到自己最钟爱的那份独特，只有亲自做过试过，才会发现最适合自己的味道。

百里香煎焙杏鲍菇就是属于这种随意而为。喜欢杏鲍菇微韧紧实的口感，喜欢百里香独到的香味，干脆一起烹饪。杏鲍菇切片，用黄油煎香，撒上盐、白糖，淋少许美极鲜酱油，起锅前撒上一把百里香的嫩叶，爱吃的味道一网打尽，的确够尽兴。

食　材　杏鲍菇 2 根　百里香 1 小把

调　料　盐 1/8 小勺　白糖 1/4 小勺　无盐黄油 10 克　美极鲜酱油 1 小勺　水 2 大勺　研磨胡椒少许

锅　具　平底煎锅

制作过程

① 杏鲍菇切片，百里香摘取嫩叶。

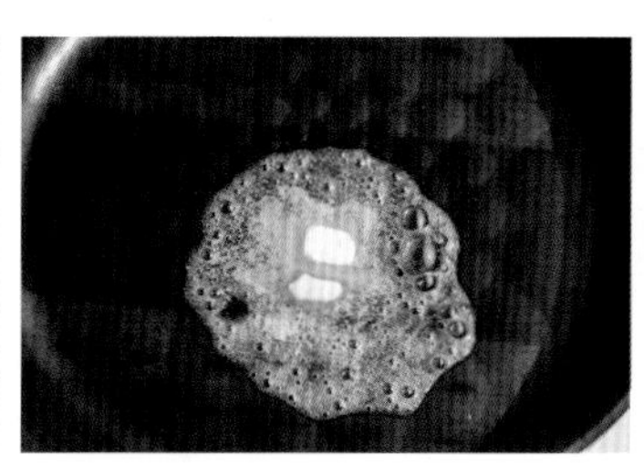

② 黄油用小火融化。

③ 加入杏鲍菇小火煎制。

④ 待杏鲍菇开始收缩后翻面，再煎片刻。

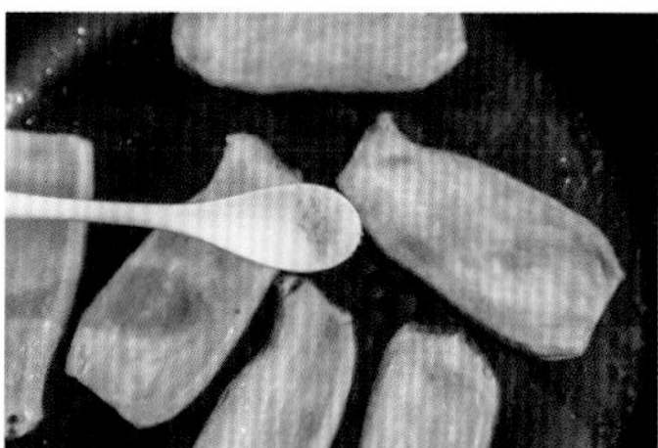

⑤ 加入盐 1/8 小勺。

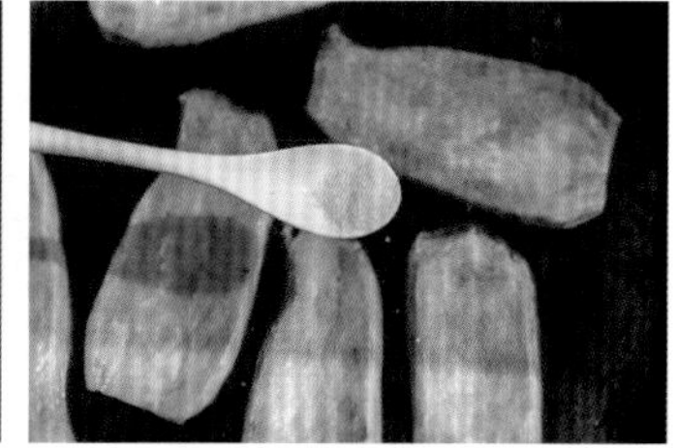

⑥ 加入白糖 1/4 小勺。

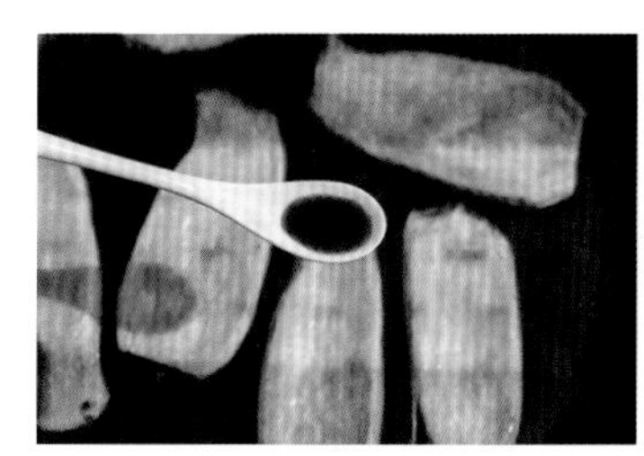

⑦ 加入美极鲜酱油 1 小勺。

⑧ 加入水 2 大勺，继续煎制。

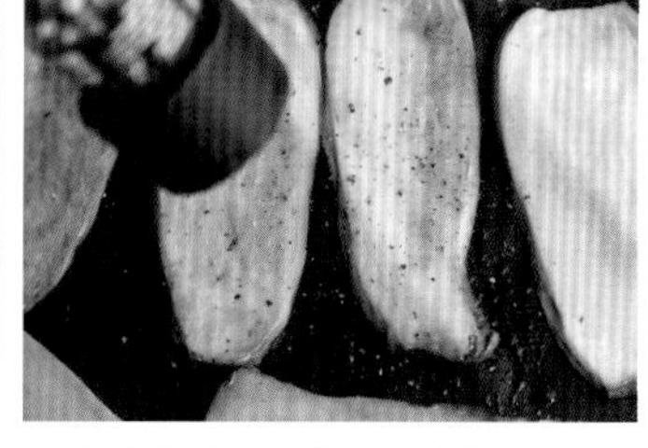

⑨ 待水分收干，撒入少许胡椒。

⑩ 加入百里香，翻匀后出锅即可。

贴士

1. 调味后加入少许水，可以使味道更均匀。
2. 可以用生抽代替美极鲜酱油。

3. 酒香茄汁白芸豆

中式材料［白芸豆］& 西式材料［白兰地］

酸酸甜甜的味道，对于大部分的孩子来说应该算是天下最可口的滋味。孩子最容易被色彩和甜味吸引，其实对我们大人来说，又何尝不是呢。每日五谷杂粮里交织着酸甜苦辣咸，最容易胃口大开的便是酸甜交织，但凡口中无味，煮一锅酸甜适口的佳肴，胃口顿时豁然开朗起来。

茄汁味的菜肴是酸甜味里的经典，酸味来自番茄，甜味来自砂糖，两种简单的材质一经混合，已是一副诱人口水的姿态。茄汁味的菜肴不仅仅只有荤菜可口，就连单纯的素食用茄汁调味也是出众的。豆类食材不容易入味，特别是体形较大的白芸豆，用上酸甜的茄汁裹在表面，即使味道达不到中心，表面的调味也足够浓郁。在做茄汁菜肴时，可以再添一点白兰地增香，让传统的酸甜里带点洋气的回味，很是别致。

食　材　白芸豆100克　罐头番茄400克（或新鲜番茄2个）

调　料　白兰地1大勺　橄榄油2小勺　盐1/2小勺　白糖1大勺　番茄酱2大勺

锅　具　压力锅　汤锅

制作过程

① 白芸豆加入大量水，浸泡一夜。

② 泡软的白芸豆放入压力锅内，加入水后加盖煮，待到上压后继续煮40分钟至豆酥软。

③ 锅内加入橄榄油2小勺，加入番茄煸炒5分钟。

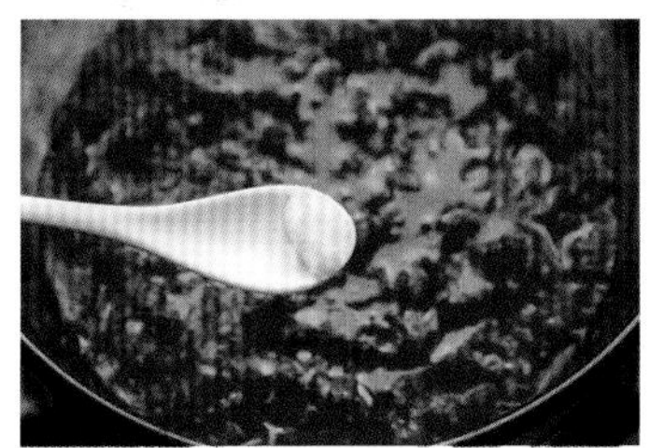

④ 加入盐1/2小勺。

⑤ 加入白糖1大勺。

⑥ 加入番茄酱2大勺。

⑦ 加入白兰地1大勺，搅匀。

⑧ 加入白芸豆，继续煮约10分钟即可。

贴士

1. 白芸豆需要泡发后再煮，所以需要提前一天准备。
2. 浸泡白芸豆的水量要充足，芸豆的吸水量非常大，水量太少不足以浸泡透彻。
3. 新鲜番茄需要去皮，用叉子扎入番茄，在炉火上烤几秒钟，番茄皮便十分容易去除。
4. 番茄酱能增加色泽和香味，可用番茄沙司代替。
5. 白兰地的酒气浓郁，请酌量添加。

4. 奶油汁煮玉米

中式材料［甜玉米］& 西式材料［黄油］

三餐之外的进食非必要，但却是愉悦身心的，抛开了填饱肚子的目的，多的是悠然品味的心情。街边小食何以处处诱人，就只因小食吃的是一份消磨时光的闲情。经典的小食，诸如煮玉米、花生米、茶干、卤鸭肫一类，不管原本的食材是何种形状，一口只得一点，慢慢咀嚼才会满口香气。一小碟食物，耗时许久方才吃尽，此等回味颇为悠长。

在家煮一锅玉米作小食，闲时取一段慢慢啃着，哪管外头是风是雨还是艳阳高照，都是一份闲散舒适的惬意。街边小食铺子里的奶油玉米多是甜味，自己制作时可以稍作改变，用盐来调味，因水果玉米本身是甜味的，与盐形成对比，口感会更显丰富。此外，再加入八角和胡椒增味，这有点类似咖啡中加肉桂的感觉，都是调动味觉的。

食　材　甜玉米 2 根　牛奶 150 毫升

调　料　无盐黄油 50 克　盐 1 小勺　八角 2 个　水 550 毫升　研磨胡椒少许

锅　具　汤锅

制作过程

① 甜玉米切成段。

② 锅内加入黄油 50 克。

③ 加入牛奶 150 毫升。

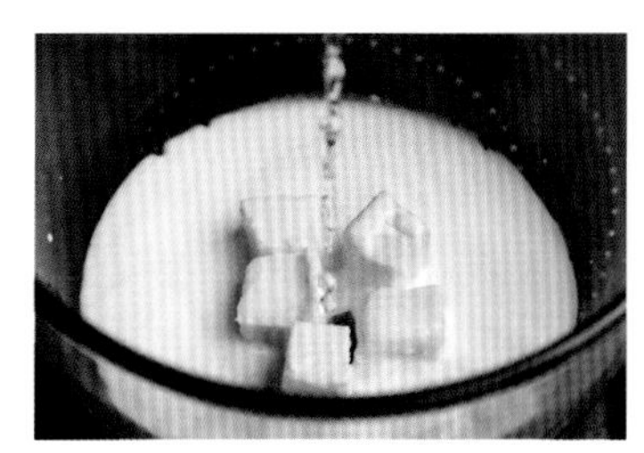

④ 加入水 550 毫升。

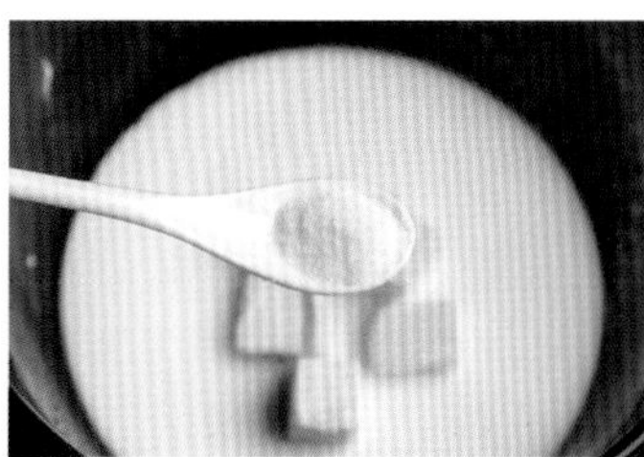

⑤ 加入盐 1 小勺。

⑥ 加入八角 2 个。

⑦ 磨入少许胡椒，煮开。

⑧ 加入玉米，加盖煮约 20 分即可。

贴士

1. 玉米有甜玉米与糯玉米之分，这道菜建议使用甜玉米，口感更佳。
2. 八角能使汤汁味道别致，不必担心会很突兀，牛奶能缓和香料的刺激。

5. 芝麻酱拌芝麻菜

中式材料［芝麻酱］& 西式材料［芝麻菜］

中式的凉菜，只是温度上的凉，制作时多是经过高温煮熟后再放凉的，生食的品种不算多；西式的色拉却不同，多是各色蔬菜直接淋上酱汁便端上桌，即便有配食的熟物，也占比不多，基本还是以生食为主，就连酱汁基本也是清清淡淡的，不太符合我们的饮食习惯。

不过西式蔬菜色拉的优点也不少，多种蔬菜并不适合我们用高温烹饪，因为高温不仅使其丧失了外形，更失去了鲜活的口感，只有凉拌才不至于毁了味道。只是西式的酱汁不太能满足我们的要求，换做中式酱汁倒也不失为一种平衡。

芝麻菜清香，拌上中式特色的芝麻酱，滋味由浓郁与清香交替上演，大约才能适合我们的味觉习惯。中式与西式原本就没有界限分明的隔阂，彼此互换之后也许是新意，也许是突破。

食　材　芝麻菜 100 克　孢子甘蓝 100 克　熟美国大杏仁 30 克　熟白芝麻 10 克

调　料　苹果醋 1/2 小勺　芝麻酱 3 大勺　盐 1/4 小勺　白糖 1/2 小勺　芝麻油 1 小勺　美极鲜酱油 1 小勺

锅　具　汤锅

制作过程

① 芝麻菜择洗干净，孢子甘蓝对半切开。

② 熟白芝麻用石臼松碎。

③ 孢子甘蓝在开水中焯烫 1 分钟，捞出，在凉开水中冲凉。

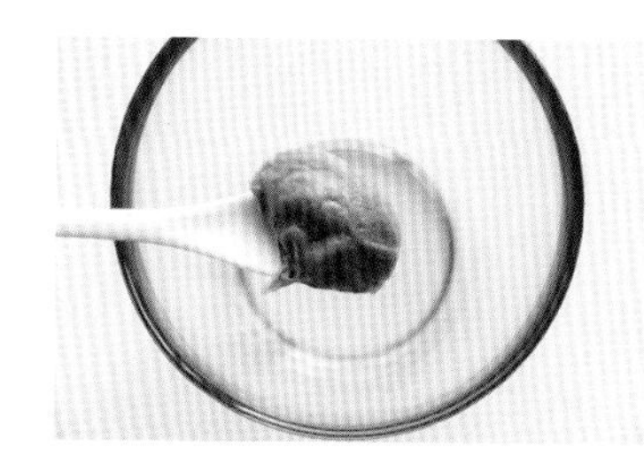

④ 芝麻酱 3 大勺，放入容器内。

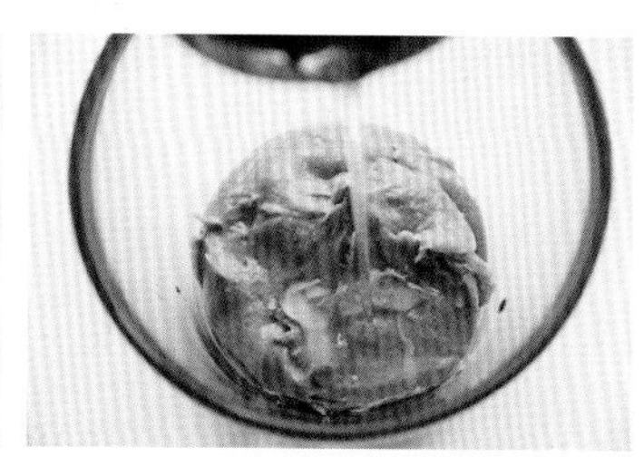

⑤ 加入少许水搅匀。

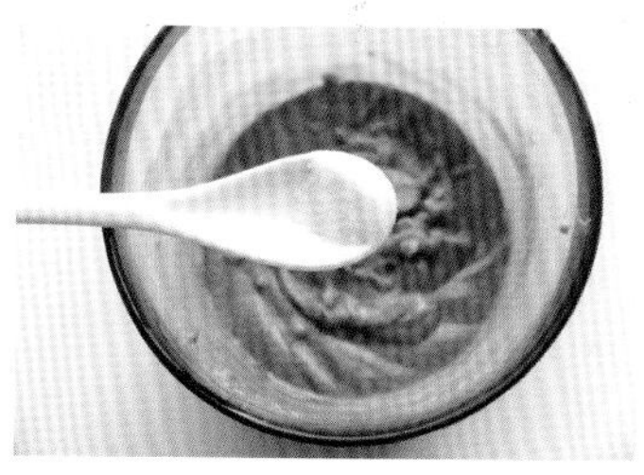

⑥ 加入盐 1/4 小勺。

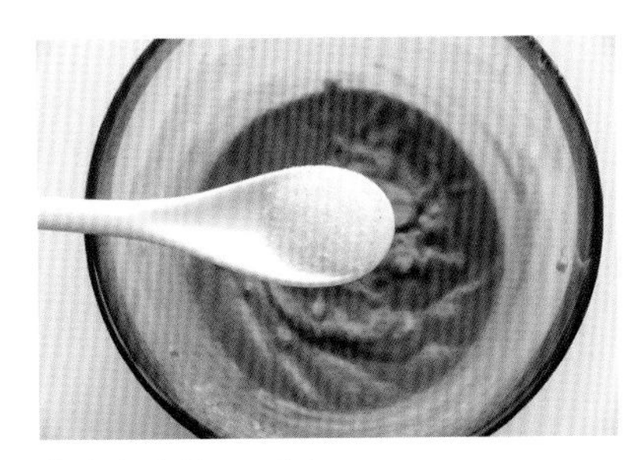

⑦ 加入白糖 1/2 小勺。

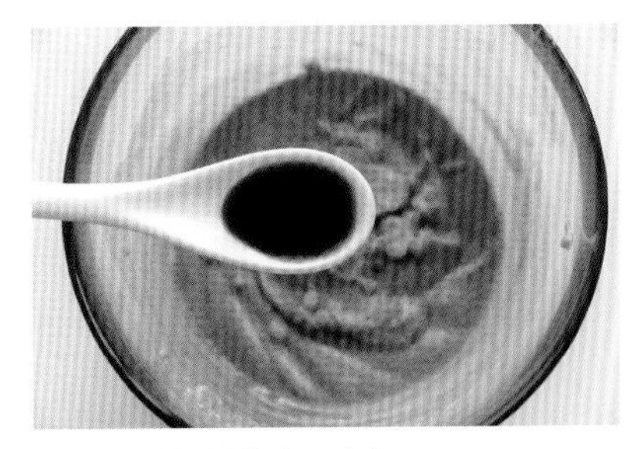

⑧ 加入美极鲜酱油 1 小勺。

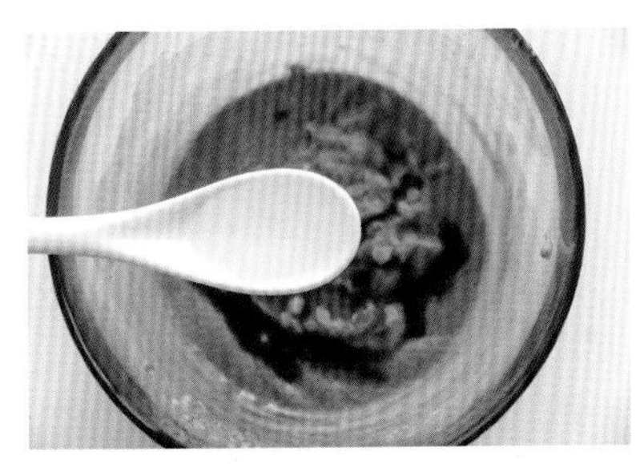

⑨ 加入苹果醋 1/2 小勺。

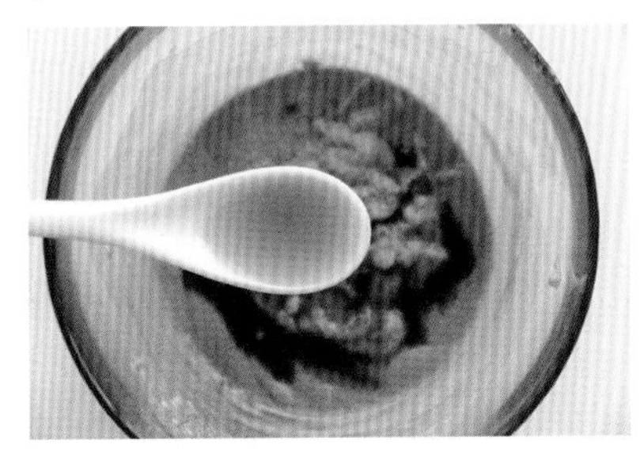

⑩ 加入芝麻油 1 小勺。

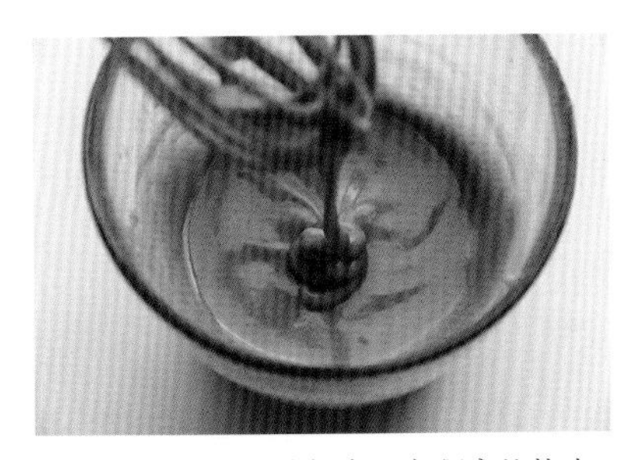

⑪ 搅匀至可以流动却有一定稠度的状态，待用。

⑫ 芝麻菜、孢子甘蓝、大杏仁装盘。

⑬ 加入调好的芝麻酱。

⑭ 撒上芝麻碎，吃时拌匀即可。

贴士

1. 芝麻捣碎了更香，直接使用也可。
2. 芝麻酱的稠度不同，请酌量添加水。
3. 可用生抽代替美极鲜酱油。

五、中西合璧之主食饱足

ZHONGXIHEBI ZHI ZHUSHIBAOZU

中式饮食多以米饭类、馒头类、饼类、面条类为主食，西式则多以面包类、面饼类为主食，基本都为米制品和面制品。简单的大米和面粉可以制成丰富多样的主食，再配上各色食材，就能制作出花样百出的美食。饼类主食，可以搭配味浓的小炒；米饭类主食，可以搭配各色荤素食材制成炒饭；面条类主食，可以搭配荤素浇头制成汤面、拌面或炒面；馒头类主食，既可与小炒搭配，也可配上各色抹酱；面包类主食，可以搭配浓汤。无论哪种主食，均可在制作时融入异国风味，或使用西式的主食搭配中式的调味，抑或使用中式的主食辅以西式的调味，都是别致有味的组合。

1. 培根年糕卷

中式材料 [年糕] & 西式材料 [培根]

嗞嗞冒油的培根与糯到你心软的年糕一并出现，你是否会口水直流？

年糕，年年高，儿时吃年糕时长辈们总爱说这句话。年糕的口彩有诗为证：年糕寓意稍云深，白色如银黄色金。年岁盼高时时利，虔诚默祝望财临。中华美食但凡与美好寓意沾上边，我便会特别偏爱些，美妙口感之余有了吉祥如意增味，怎会不动心？

培根，却是另一番滋味。用平底锅加热后的嗞嗞声，微卷的边，油脂渗出后升腾起的香味，随着夹入吐司的那一刻登峰造极。

年糕是悠然的传统味，培根是浓烈的西洋风，一起，会如何？在各自保留本味时又彼此分享，没有突兀的彼此对立，米香交织着腌肉香，一口咬下，全是满足。

天下美食之美在于那一分交错，忠于原味里带着一点异动，有嚼头，更有回味。

食　材　培根4条　条状年糕8条（选择条状的火锅年糕或韩式年糕更容易卷起）

调　料　甜辣酱2大勺

锅　具　平底煎锅　烤箱

制作过程

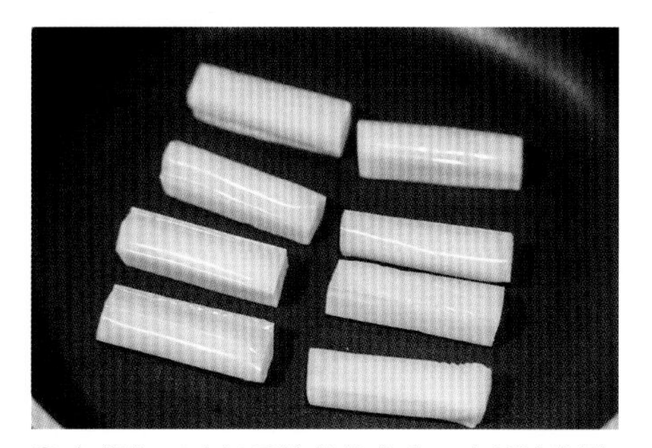

① 年糕切至略短于培根的宽度，在无油的平底煎锅中煎焙至膨胀变软（注意翻面）。

② 将煎好的年糕卷入培根中，不必太紧，完全裹住年糕即可，培根烤熟后会收缩，不用担心会散开。

③ 用牙签固定收口处。

④ 排入烤盘，加入预热至180℃的烤箱内，烤约10分钟至培根渗出油脂。

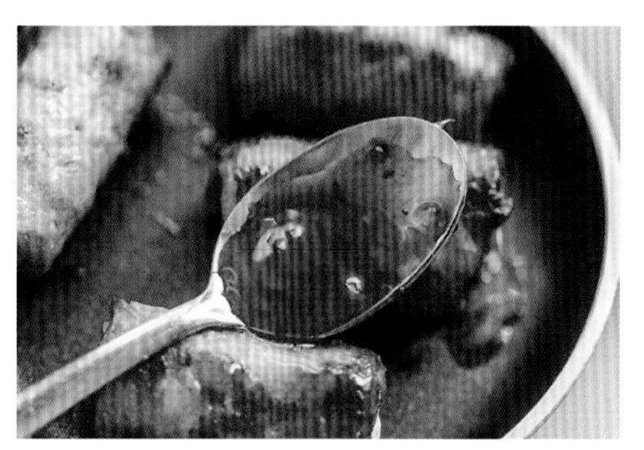

⑤ 出炉后淋上甜辣酱，培根本身有足够的咸味，表面有一层淋酱提味即可。

贴士

1. 培根可根据长度裁剪，这里使用的是长培根，一切为二使用；培根烤熟后会收缩，所以年糕可切至略短于培根的宽度。
2. 煎焙年糕时不用放油，也可用水煮软，但口感不同，建议煎焙。
3. 也可用平底煎锅代替烤箱，卷好后直接煎熟，同样无须用油。
4. 表面的酱汁可随意调整，或者烤熟后趁热刷一层蜂蜜，也一样有出色的口感。

2. 黑橄榄炒饭

中式材料［米饭］& 西式材料［黑橄榄］

新鲜的米饭配上下饭小菜，最是畅快的吃法，三下五下送入口中，直吃得人心满意足。隔夜的剩饭也可显精彩，配上喜欢的各种食材，简单炒匀，就能让一盘了无生机的剩饭在转眼之间华丽转身。切得小小的蔬菜和肉丁，金灿灿的鸡蛋，包裹着粒粒喷香的米饭，味道不再单一，变成了一种复合的香气。

要炒出好吃的饭，食材不必太奢华，普普通通的常见之物就能炒出一盘活色生香的好饭来。若是手边有西式材料也有中式材料，便可尽数取来搭配，不必担心不适合，复合的总是胜过单一的。黑橄榄、培根细细切碎，抓一把现成的蔬菜丁，打两个鸡蛋倒入剩饭中将米粒泡开，架锅热油，倒入米饭炒散，加入蔬菜、培根，炒匀后撒一把五香粉增味，最后放入黑橄榄，炒匀出锅。一碗冷饭能升华至此，也足够了。

食　材　剩米饭 1 碗　杂菜 1 小碗（胡萝卜、玉米或豌豆）鸡蛋 2 个 黑橄榄 6 颗　培根 2 条

调　料　盐 1/4 小勺　五香粉 1/4 小勺

锅　具　平底煎锅

制作过程

① 鸡蛋打散，培根切小丁，黑橄榄去核切片。

② 锅内加水烧开，加入杂菜焯烫 1 分钟，捞出沥干。

③ 米饭内加入蛋液浸泡 10 分钟。

④ 热锅加油，加入培根煸炒至体积变小后盛出备用。

⑤ 米饭入锅，炒至米粒颗粒分明。

⑥ 加入杂菜和培根，翻炒均匀。

⑦ 加入盐 1/4 小勺。

⑧ 加入五香粉 1/4 小勺。

⑨ 加入黑橄榄，翻炒均匀出锅即可。

贴士

1. 黑橄榄去核的简单方法：将黑橄榄立在有孔的蒸格上，用筷子顶住橄榄的头部，一下子就可以将核去除；抑或直接购买去核的橄榄，更为便捷。
2. 米饭先用蛋液浸泡，更易炒出粒粒分明的状态。
3. 培根煸炒至体积明显变小且颜色变深的状态，口感更佳。
4. 培根煸炒后会有油脂渗出，炒米饭的时候不必另外加油。

3. 京酱肉丝卷墨西哥饼 中式材料 [京葱] & 西式材料 [墨西哥饼]

美食文化说它有界，是因为各国地域气候不同，会形成截然不同的主打食物；说它无界，是因为总能找到相仿的形态与味道，不管是在地球的哪个角落。

单单是饼，就有无数个地域文化造就的版本，无论是有馅没馅，是烤是蒸是烙，终究都是面粉或杂粮揉的，无论怎么个吃法，终究都是配着菜吃的。同样是烙饼，冠上了地域名称后就标志着地域的特色，其实都有八九不离十的相似。

肉丝用酱炒，与切成丝的京葱一道卷进烙饼里，就是地道的中国味。烤牛肉、蔬菜、奶酪卷入墨西哥饼里，就是十足的异国风味。理论起来，单从饼上讲，是没什么显著的不同，不过就是卷的内容差异，才有了地域性的标志。倘若饼和馅的内容互换，该有的特色各自还是保留着，也没有哪里不协调。这京酱肉丝卷上墨西哥饼就是这般和谐的，可见食物的确可以无国界。

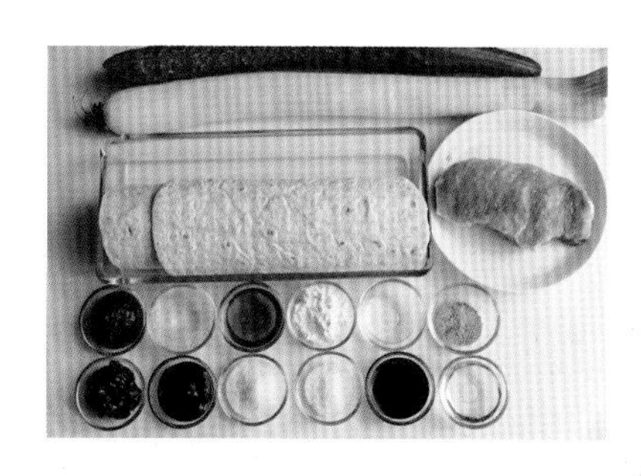

食　材 墨西哥饼 4 张　里脊肉 200 克　黄瓜 1/2 根　京葱 1/2 根　蛋清 1 个

调　料 盐 1/4 小勺　米酒 1 小勺　生抽 1 小勺　白胡椒粉 1/8 小勺　淀粉 2 小勺　色拉油 1 大勺　番茄酱 1 大勺　豆瓣酱 1 大勺　甜面酱 2 大勺　白糖 1 大勺　芝麻油 1 小勺　水 2 大勺

锅　具 平底煎锅

制作过程

① 里脊肉、京葱、黄瓜切丝。

② 里脊肉内加入盐 1/4 小勺。

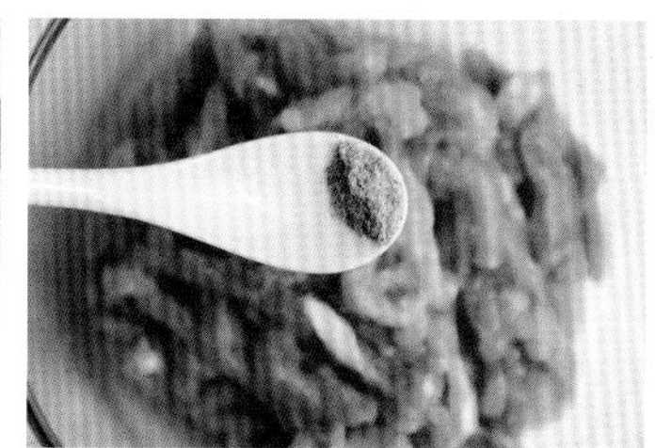

③ 加入白胡椒粉 1/8 小勺。

④ 加入米酒 1 小勺。

⑤ 加入生抽 1 小勺。

⑥ 加入蛋清 1 个，拌匀。

⑦ 加入淀粉 2 小勺，拌匀。

⑧ 加入色拉油 1 大勺，再次拌匀，腌制 20 分钟。

⑨ 容器内加入白糖 1 大勺。

⑩ 加入番茄酱 1 大勺。

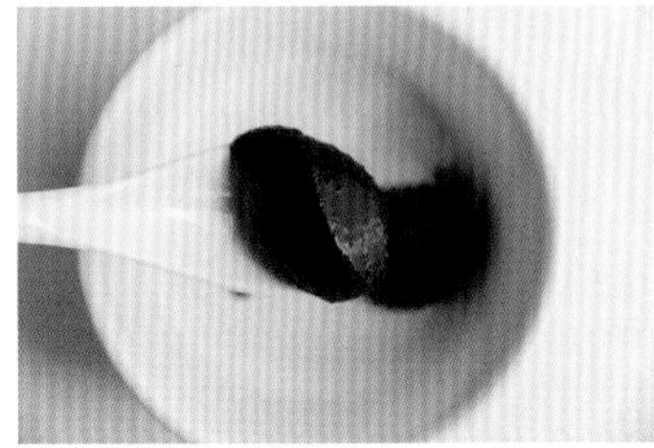

⑪ 加入甜面酱 2 大勺。

⑫ 加入豆瓣酱 1 大勺。

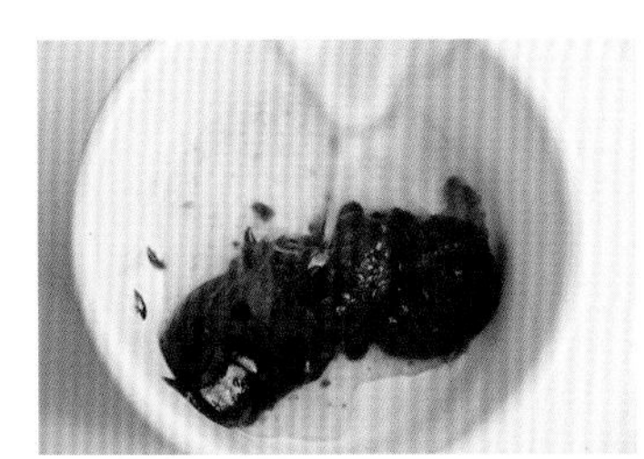

⑬ 加入水 2 大勺，搅匀备用。

⑭ 热锅加油，加入肉丝快速翻炒至变色后盛出。

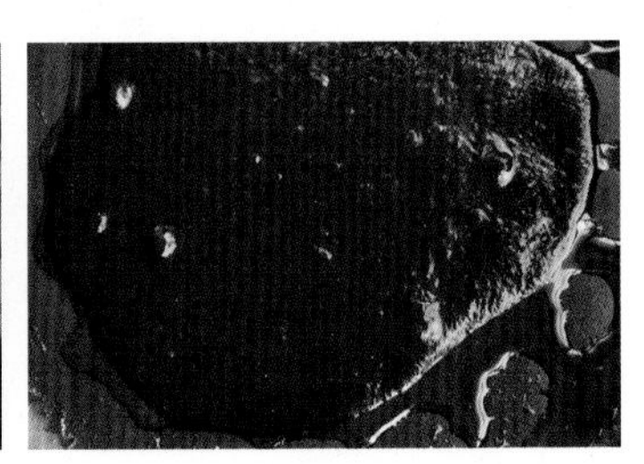

⑮ 倒入调好的酱汁，小火翻炒至颜色变深。

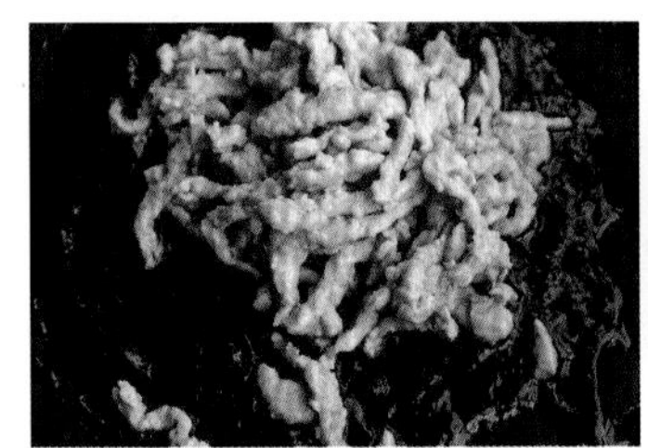

⑯ 加入里脊肉快速翻炒均匀。

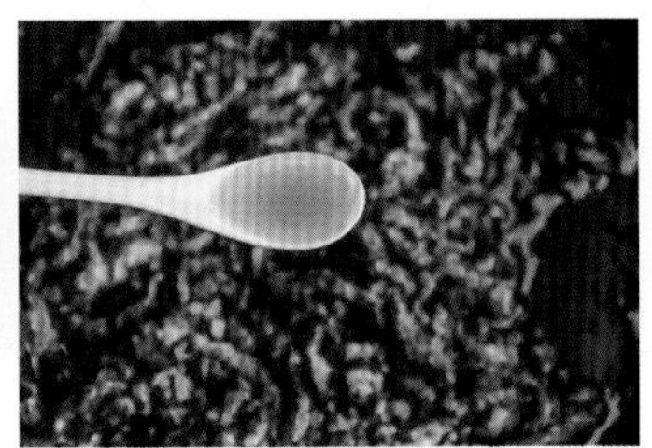

⑰ 加入芝麻油 1 小勺，炒匀出锅。

⑱ 墨西哥饼放上京葱、黄瓜和肉丝，卷起即可。

贴士

1. 肉丝入锅后要快速翻动，以免粘连；肉色一开始转白即刻盛出，以免肉质变老。
2. 调好的酱汁用小火炒制，火力过大容易焦煳。
3. 墨西哥饼可用任何一种面饼替代。

4. 牛油果酱配烤馒头

中式材料 [面粉] & 西式材料 [牛油果]

刚出锅的馒头松软又有嚼劲，哪怕是配上最简单的炒鸡蛋，同样可以吃得满口余香。冷硬的剩馒头可以切成丁，用蛋液一裹，配上蔬菜下锅一炒，就是一道既能当主食又能当小菜的佳肴。再畅快点的吃法，就是将馒头切了片油炸，炸到两面金黄，什么配菜都不需要，趁热撒点细盐，就是极度享受的吃法。

此外，还有一种更奢华的吃法，就是给它配上地道的西式抹酱。馒头先切片，抹上黄油后送入烤箱烤至变脆。牛油果碾成泥，加点柠檬汁、朗姆酒、黄芥末、盐、白糖，磨点胡椒碎拌匀，抹在刚出炉的馒头上，趁热吃，怎么都是奢华的享受。馒头是紧实的，抹上黄油烤过后又香又脆，配上口感丰滑糯软的牛油果酱，的确有种何物能比的气度。

跨了界的食物，总有股让人欲罢不能的气息，原来是意识里的不安分无孔不入。

食　材　面粉 250 克　酵母 2 克　柠檬 1/8 个　牛油果 1 个

调　料　黄油 50 克（含盐、不含盐均可）朗姆酒 1/2 小勺　黄芥末 1 小勺　盐 1/4 小勺　白糖 10 克＋1 小勺　水 125 毫升　研磨胡椒少许

锅　具　烤箱　蒸锅

制作过程

① 柠檬挤出汁备用。

② 面粉内加入酵母 2 克。

③ 加入白糖 10 克，混合均匀。

④ 加入水 125 毫升，混合。

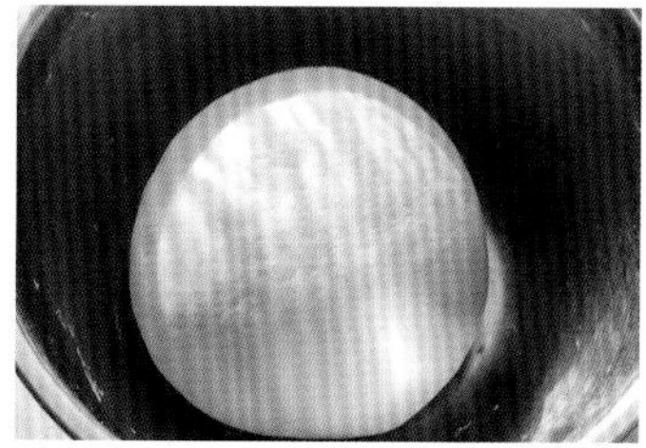

⑤ 揉成光滑的面团。

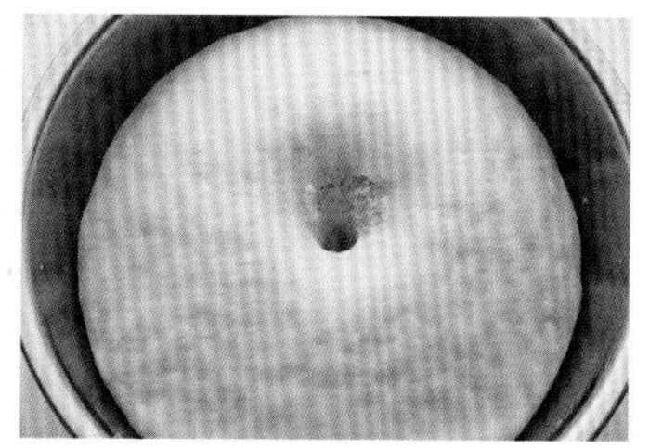

⑥ 盖上保鲜膜，在约 28℃的环境下发酵 1 小时，至用手指戳洞后不回缩即可。

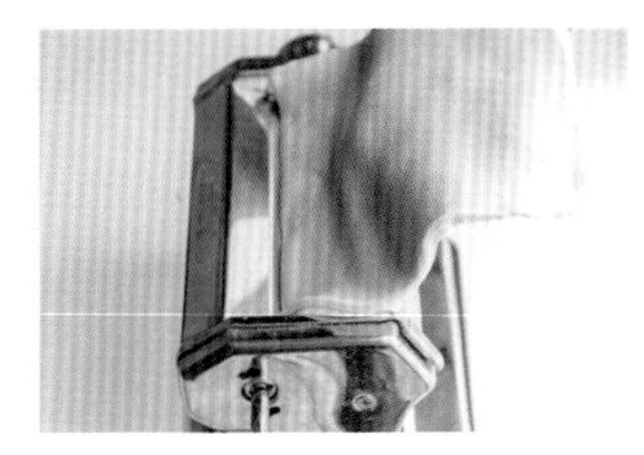

⑦ 将面团按压排气，再用压面机压制，期间需要撒面粉防粘，至光滑。

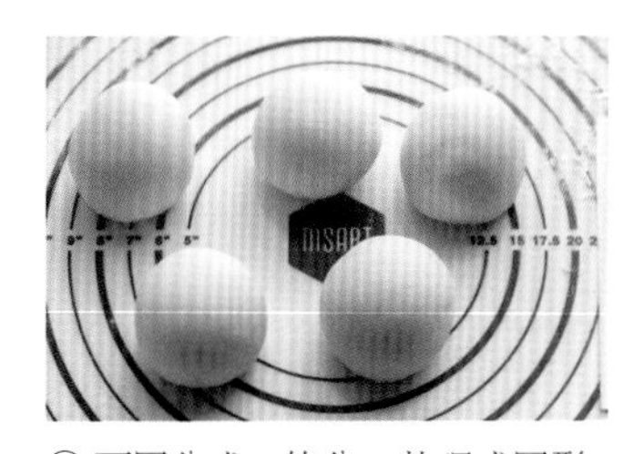

⑧ 面团分成 5 等分，整理成圆形。

⑨ 面团放入蒸笼中，在温暖处醒发 20 分钟。

⑩ 开水入锅，中大火蒸约 18 分钟关火，待 5 分钟后再揭盖。

⑪ 冷却后的馒头切片。

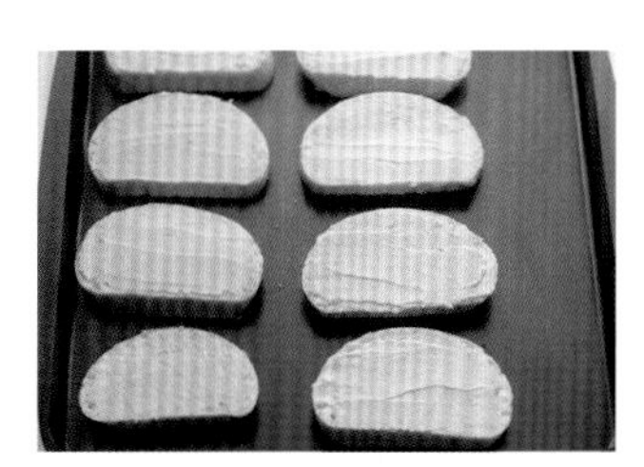

⑫ 抹上黄油，排入烤盘，放入预热 180℃的烤箱内，烤约 15 分钟，至表面金黄。

⑬ 牛油果一切为二，去核后挖出果肉，用勺子压成糊状。

⑭ 加入柠檬汁 1/2 小勺。

⑮ 加入朗姆酒 1/2 小勺。

⑯ 加入黄芥末 1 小勺。

⑰ 加入盐 1/4 小勺。

⑱ 加入白糖 1 小勺。

⑲ 磨入少许胡椒，拌匀即为牛油果酱，涂抹在烤好的馒头上即可。

贴士

1. 加入面粉中的水量不是既定的，根据面粉的吸水率不同会有差异，揉面时先留少许不要加完，视情况再添加。
2. 面团发酵后用压面机压光滑，可以使馒头蒸好后表面光滑。如果不使用压面机，就直接用手反复揉捏，直至光滑。
3. 牛油果易氧化变色，应在烤制馒头时再制作，并且尽量一次吃完。

5. 红葱头肉酱意面

中式材料 [红葱头] & 西式材料 [意大利面]

面条是家常味里的主打，可繁可简。空闲时花上一整天熬汤备料，只为一碗至鲜的面条；忙碌时放一点酱油加一点葱花，就能成就一碗饱腹的拌面。不论繁简，都是心满意足的一餐。家常面条除去浇头的变化，也能选择不同品种的面条来改变口感，比如意大利面（简称意面）。对意面的印象一般就是奶油味的白酱或是番茄味的肉酱，换上我们常吃的中式浇头，也是和谐不突兀的。红葱头炸酥，肉末和香菇加入炸酥的葱头，用酱油、五香粉调味后煮入味，还可以配几个白煮蛋同煮，就是台式风味的卤肉浇头。我便爱用它来配意面，煮过的意面依然可以保持爽滑有嚼劲的口感，就算不是立刻入口，也不会糊成一团。

意面配卤肉浇头，看似有些荒唐的不着边际，其实不然。美食并没既定的规则，好吃才是唯一不变的评判标准。

食　材　意大利面 150 克　猪腿肉 250 克　红葱头 150 克　鸡蛋 3 只　干香菇 6 朵　大蒜 3 瓣　生姜 1 小块

调　料　橄榄油 2 小勺　八角 1 个　桂皮 1 小段　生抽 1.5 大勺　老抽 1.5 大勺　米酒 2 小勺　白胡椒粉 1/8 小勺　五香粉 1/2 小勺　冰糖 10 克　盐 7 克　水 1.5 升

锅　具　平底煎锅　汤锅

制作过程

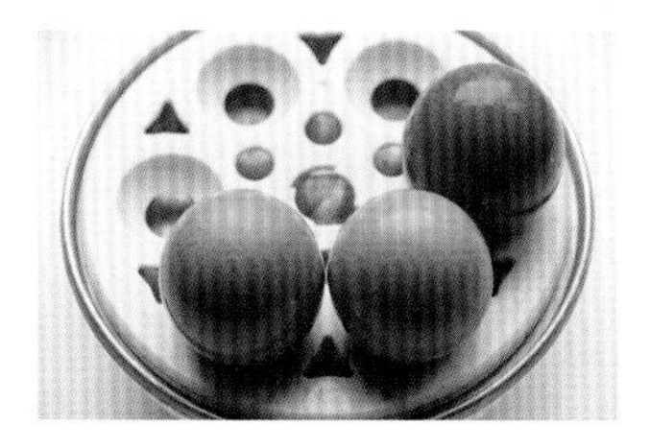

① 鸡蛋煮熟。

② 香菇用温水泡至涨开变软。

③ 煮熟后的鸡蛋去壳，用刀在表面轻轻划几刀，以便入味。

④ 猪腿肉切末，红葱头切小块，大蒜、生姜去皮切末，香菇切末。

⑤ 红葱头放入约 150℃的油锅中炸至金黄后捞出，底油不要丢弃。

⑥ 锅内加入少许炸葱头的油，加入肉末翻炒至变色后盛出。

⑦ 加入大蒜末和姜末炒香。

⑧ 加入香菇末炒香。

⑨ 加入炸好的葱头炒香。

⑩ 肉末放入汤锅中，加入炒香的葱头、香菇、姜、蒜末。

⑪ 加入生抽 1.5 大勺。

⑫ 加入老抽 1.5 大勺。

⑬ 加入米酒 2 小勺。

⑭ 加入白胡椒粉 1/8 小勺。

⑮ 加入五香粉 1/2 小勺。

⑯ 加入八角、桂皮。

⑰ 加入冰糖 10 克。

⑱ 加入水，淹没食材，加盖大火煮开，转中火煮约 30 分钟。

⑲ 加入鸡蛋煮约 10 分钟，即为红葱头肉酱加鸡蛋。

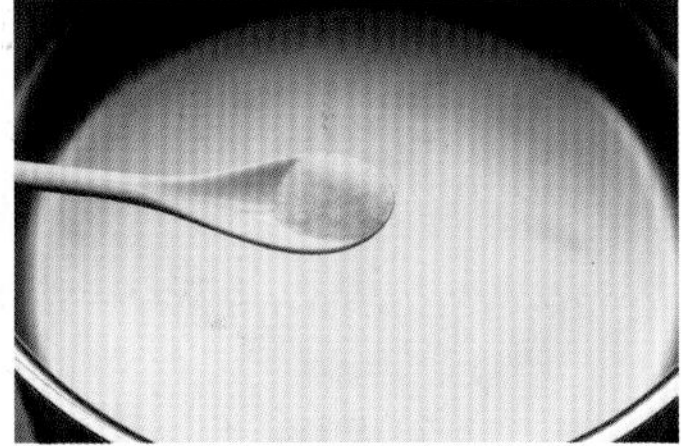

⑳ 另取锅，加入水 1.5 升，加入盐 7 克。

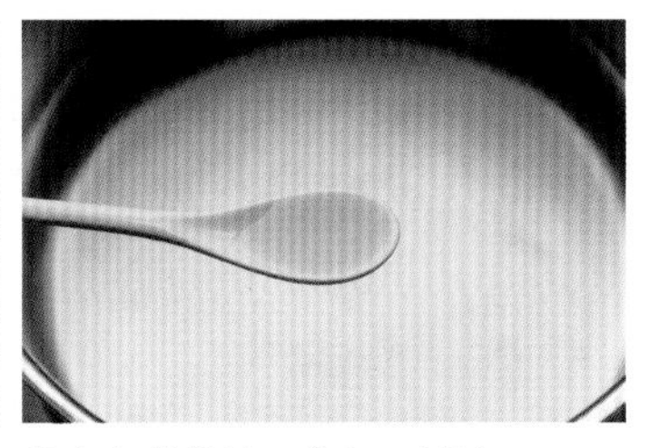

㉑ 加入橄榄油 2 小勺，煮开。

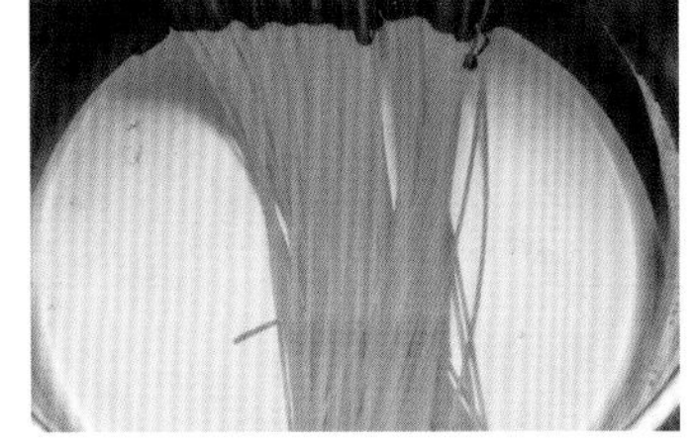

㉒ 加入意面，煮至喜欢的软硬程度，时间为 3 ～ 5 分钟，捞出装盘，淋上红葱头肉酱，放入鸡蛋即可。

贴士

1. 红葱头炸后就是葱头酥，直接用来拌面也十分可口。
2. 炸葱头的油就是葱头油，用来炒蔬菜或是拌面都十分可口。
3. 意面的品种很多，煮制的时间会不同，具体请参照意面的外包装；如果喜欢软质的面条，在基础时间上再延长 1 ～ 2 分钟即可。

6. 奶油白酱焗云吞

中式材料［虾仁］& 西式材料［淡奶油］

馄饨在广东被称为云吞，因是广东话的发音，本质就是馄饨，都是皮子裹了馅儿，煮熟食用。不过从北到南，馄饨的馅儿还是各有特色的。江南人爱以荠菜、青菜、鲜肉入馅儿，到了广东多是以鲜肉为主，还会配些鲜虾等食材。除了馅料，云吞的吃法也很多，可以配汤，可以配料拌食，也可以油炸，我会给云吞配点西式的奶油白酱，入烤箱焗烤，云吞的皮有些脆，十分别致。用鲜肉与虾仁做馅儿，包上皮后煮熟，用淡奶油、牛奶、黄油、面粉熬一锅浓稠的奶油白酱，抹一层在盘底，铺上云吞和蔬菜，送入烤箱，直到云吞的皮开始有些黄脆即可出炉，趁着滚烫食用。云吞鲜香，白酱奶香，两种香味共同在口中迸发，外加主食带来的饱足感，这样的一餐足够过瘾。

食　材　虾仁 150 克　猪腿肉 350 克　小葱 2 根　生姜 1 小块　西蓝花 1/3 棵　玉米笋 8 根　馄饨皮 40 张　牛奶 200 毫升　面粉 30 克　淡奶油 50 毫升

调　料　无盐黄油 30 克　盐 1/4 + 1/2 小勺　白糖 1/4 小勺　白胡椒粉 1/8 小勺　米酒 1 小勺　生抽 1 小勺　葱姜水 2 小勺　芝麻油 1 大勺

锅　具　汤锅　烤箱

制作过程

① 西蓝花切小朵，生姜去皮切丝，小葱切段。

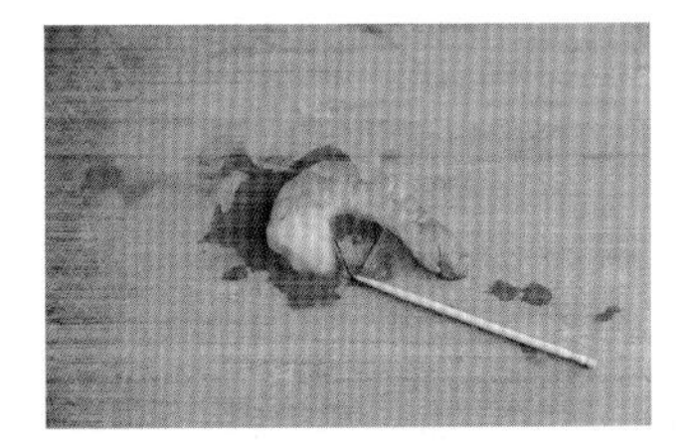

② 虾仁挑去虾肠。

③ 虾仁切成丁，腿肉切成末。

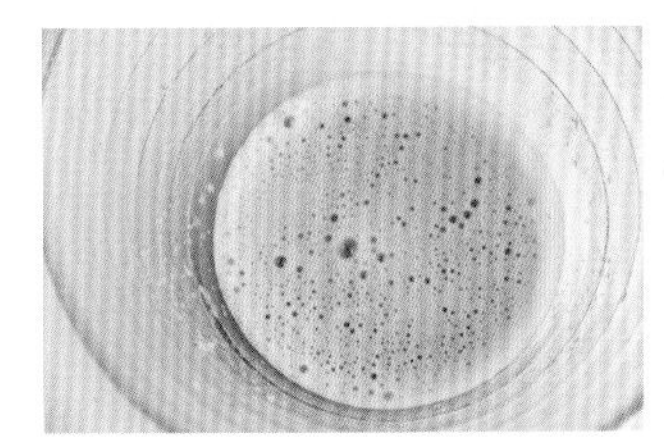

④ 生姜、小葱加入少许水，用料理棒打成液体，即为葱姜水。

⑤ 肉末、虾仁放入容器内，加入盐 1/2 小勺。

⑥ 加入白糖 1/4 小勺。

⑦ 加入米酒 1 小勺。

⑧ 加入生抽 1 小勺。

⑨ 加入白胡椒粉 1/8 小勺。

⑩ 加入葱姜水 2 小勺。

⑪ 加入芝麻油 1 大勺。

⑫ 搅拌成有黏性的馅，备用。

⑬ 锅内加入淡奶油 50 毫升、牛奶 200 毫升，煮开。

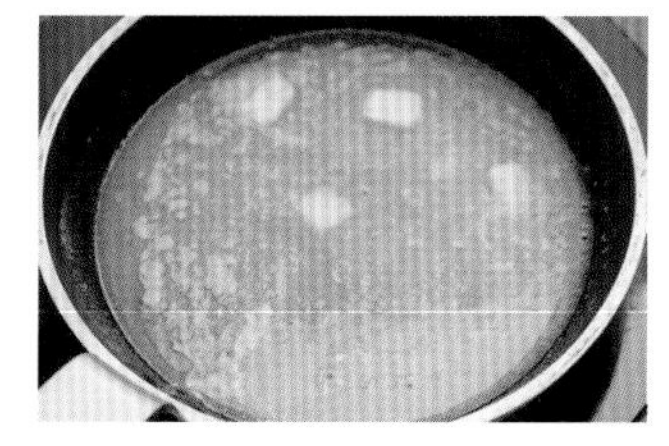

⑭ 另取一锅，加入黄油 30 克小火融化。

⑮ 加入面粉 30 克，继续小火加热并不时搅拌至面粉飘出香味。

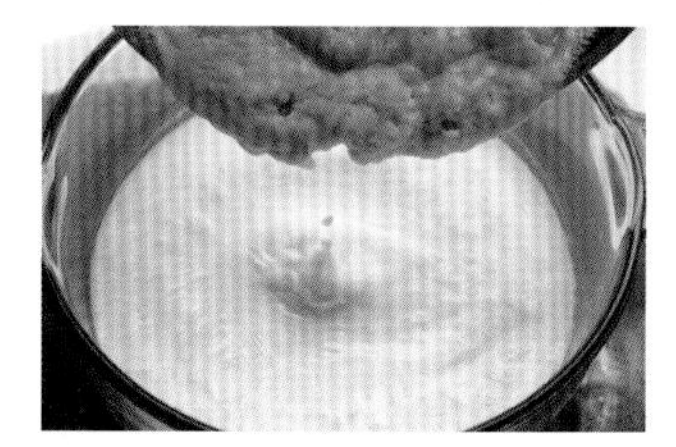

⑯ 炒好的面粉黄油加入煮沸的牛奶淡奶油中，边倒边搅拌。

⑰ 继续煮至黏稠状，加入盐 1/4 小勺，搅匀，即为奶油白酱。

⑱ 取适量奶油白酱铺满烤盘底部。

⑲ 西蓝花在开水中焯烫 1 分钟后捞出沥干。

⑳ 馄饨皮中央放入适量馅。

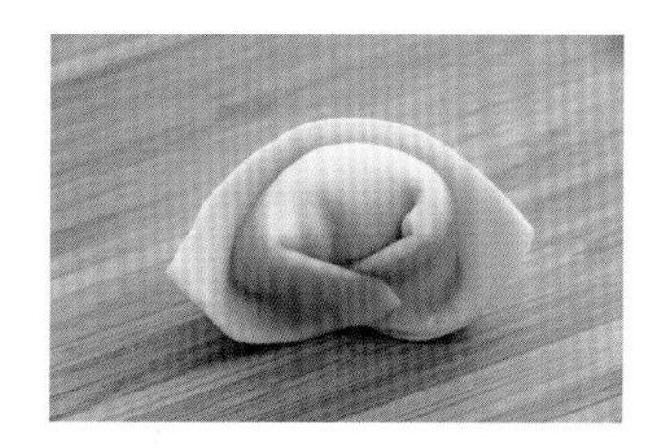

㉑ 捏合成云吞。

㉒ 锅内水烧开，加入云吞煮至全部浮起，捞出沥干水分。

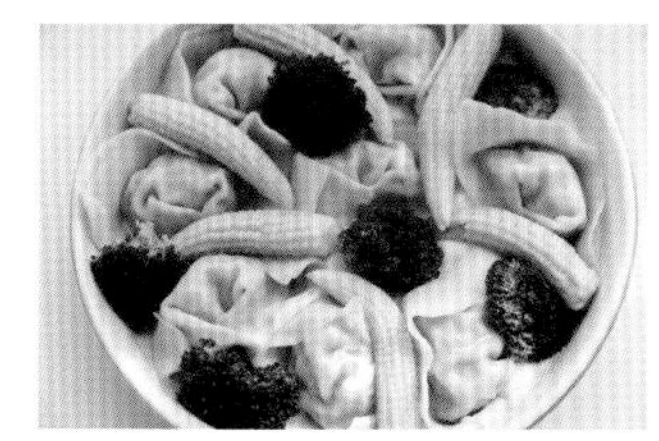

㉓ 云吞、西蓝花、玉米笋铺在奶油白酱上，放入预热至 220℃的烤箱中，烤约 15 分钟即可。

贴士

1. 如不制作葱姜水，可将生姜和小葱分别切末后放入馅中。
2. 体形较小的虾仁可不必改刀，抑或使用整只大虾仁。
3. 奶油白酱还可以用来拌意面，冷藏可保存 1 周左右。
4. 喜欢云吞皮脆的，可以多烤制一会儿，至云吞表面变为黄色。

7. 金枪鱼土豆春卷

中式材料 [春卷皮] & 西式材料 [金枪鱼]

春卷是古人心目中春的象征。春节通常在立春期间，这个节气标志着春回大地，万物即将复苏，人们在此时品尝春卷中的新鲜蔬菜便是“咬春”的意思。当时的春卷叫春盘，用面饼将菜包起来，从头吃到尾，取“有头有尾”的吉利意思。由于炸熟的春卷色泽金黄，犹如一根根金条，民间在节日的餐桌上摆上一盘春卷，还有“黄金万两”的吉庆寓意。

能包春卷的食材无数，比较传统的有白菜、冬笋、香菇、韭黄、鲜肉、虾仁等等，还可以包成豆沙等甜味馅儿的。至于创新口味的，那便可尽情发挥。我将金枪鱼、土豆和洋葱制成馅儿，包成了外表很传统，馅儿很洋气的创意春卷。金枪鱼味鲜，土豆软糯，洋葱增香，配着炸得金黄香脆的春卷皮，既有传统被颠覆后的新意，也有传统口感的保留，丰富滋味尽显。

食　材　金枪鱼罐头 1 罐　土豆 2 个（中等大小）　洋葱 1/2 个　春卷皮 12 张　面粉（或淀粉）1 小勺

调　料　盐 1/4 小勺　研磨胡椒少许

锅　具　平底煎锅　汤锅

制作过程

① 金枪鱼沥干，土豆去皮切丁，洋葱切末。

② 面粉（或淀粉）1 小勺加入少许水，搅匀备用。

③ 土豆放入微波炉内高火约 8 分钟加热至熟软（4 分钟时取出，彻底拌匀后再继续加热 4 分钟）。

④ 热锅内加少许油，加入洋葱煸炒至透明变软。

⑤ 加入金枪鱼翻炒均匀。

⑥ 放入熟软的土豆中。

⑦ 趁热加入盐 1/4 小勺。

⑧ 撒入少许胡椒，用橡皮刮刀轻轻拌匀晾凉。

⑨ 取适量凉透的馅，放入春卷皮中央靠下的位置。

⑩ 提起春卷皮向上卷起，左右两端轻轻向中间折起。

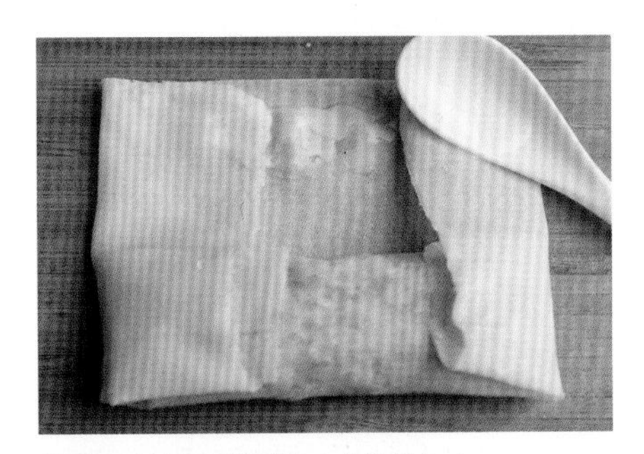

⑪ 收口处抹少许面粉（或淀粉）水。

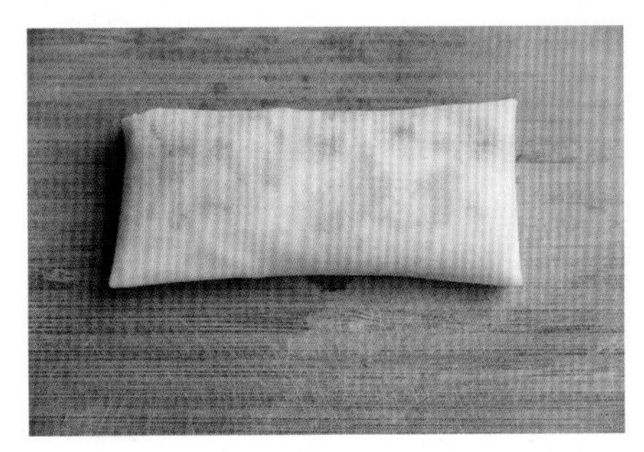

⑫ 继续向上卷起。

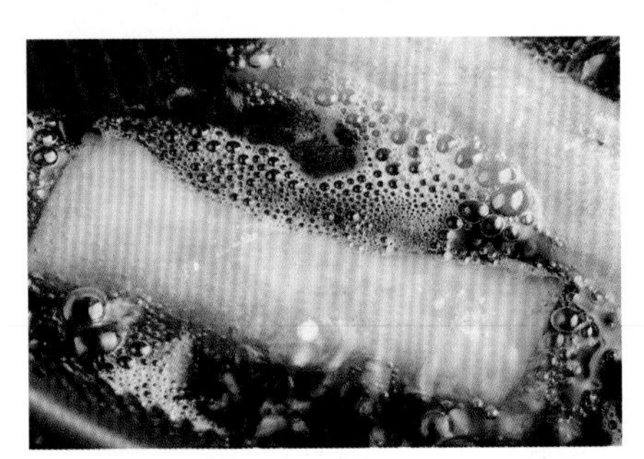

⑬ 春卷放入约 180℃的油温中，中火炸至表面金黄即可。

贴士

1. 土豆用微波炉加热熟软后，直接与炒好的洋葱、金枪鱼拌匀即可，不必再入锅炒制。
2. 金枪鱼有油浸与水浸，两种皆可，使用时需要沥干。
3. 罐头金枪鱼有咸味，调味时盐只要少量添加即可。
4. 包制春卷时，用面粉水封住收口，在炸制时外皮就不会飘起散开。
5. 因为春卷包制的是熟馅，所以不必久炸，表面金黄即可出锅。

8. 米比萨

中式材料［米饭］& 西式材料［比萨草］

做菜的个性，就像每个人独有的指纹，时时都显出独一无二。就好比做比萨，每个人都会做出完全不一样的饼底，却无法判别不同口感的对错。我做过的比萨也有不少品种，要论起独到来，我会推荐用米饭做底的米比萨。先用比萨草熬一锅地道的比萨酱，再将米饭压成圆饼状，抹上一层比萨酱，撒上培根和蔬菜，再铺上马苏里拉芝士，烤至芝士融化即可。其实从比萨酱到培根、蔬菜，以及马苏里拉芝士，都是地道的比萨食材，独到的个性是米饭饼底。正统的比萨饼底是由面粉制成的，换做主食米饭，初入口中是浓郁的比萨个性，细嚼之下熟悉的味觉便占据了味蕾，一中一西，别有滋味。

食　材　米饭 600 克　玉米粒 50 克　青甜椒 1/2 个　洋葱 1/2 个　番茄 2 个　大蒜 4 瓣　黑橄榄 4 粒　培根 2 片

调　料　马苏里拉芝士 200 克　比萨草 1 小勺　罗勒 1/2 小勺　橄榄油 1 大勺　盐 1/4 ＋ 1/2 小勺　番茄酱 3 大勺　白糖 1 大勺　研磨胡椒少许

锅　具　平底煎锅　烤箱

制作过程

① 番茄去皮切丁，大蒜、洋葱切末。

② 马苏里拉芝士刨成丝，培根切小块，黑橄榄去核切小丁，青甜椒切小丁。

③ 锅内加入橄榄油 1 大勺，加入洋葱和大蒜炒香。

④ 加入番茄，继续翻炒 5 分钟。

⑤ 加入盐 1/4 小勺。

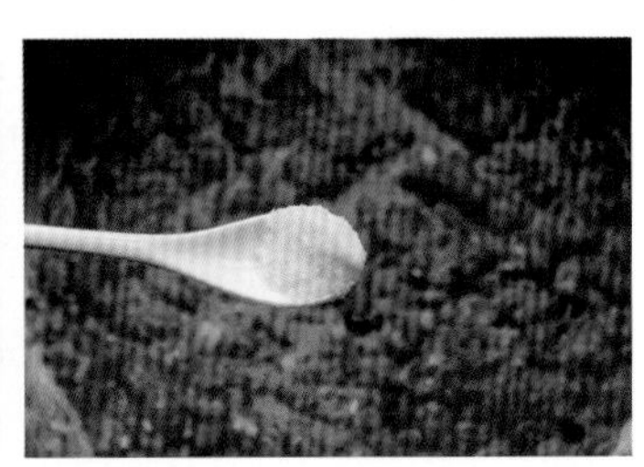

⑥ 加入白糖 1 大勺。

⑦ 加入番茄酱 3 大勺。

⑧ 加入比萨草 1 小勺。

⑨ 加入罗勒 1/2 小勺。

⑩ 撒入少许胡椒，搅匀后继续煮约15分钟至汤汁浓稠，即为比萨酱。

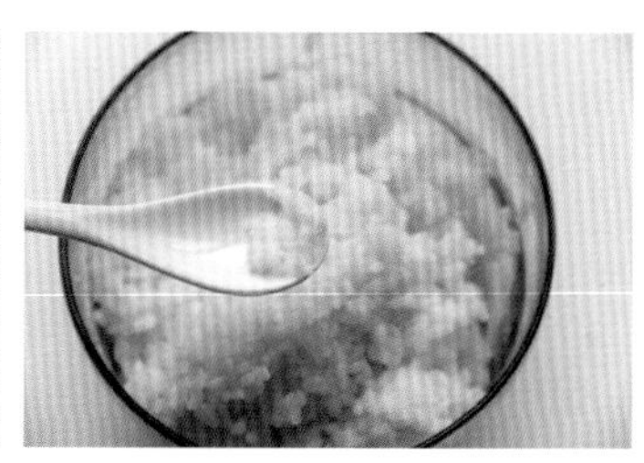

⑪ 米饭内加入盐1/2小勺，拌匀。

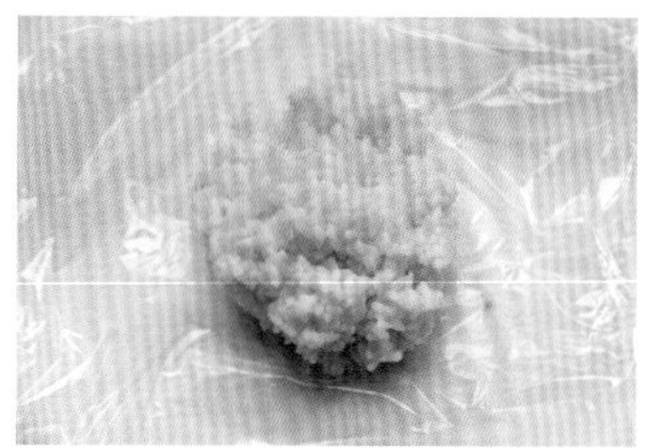

⑫ 将约1/4米饭放入保鲜膜。

⑬ 收拢保鲜膜，放入圆形模具内压紧实。

⑭ 取下保鲜膜，放入铺了高温布的烤盘内，抹上一层比萨酱。

⑮ 撒上适量马苏里拉芝士。

⑯ 撒上玉米粒、黑橄榄、培根，放入预热180℃的烤箱内，烤15分钟。

⑰ 在表面再撒一层马苏里拉芝士，再次放入烤箱，烤约10分钟，至马苏里拉芝士融化即可。

贴士

1. 此分量约可做4个米比萨。
2. 制成的比萨酱不仅可以做比萨，还可以作为意面酱使用。
3. 制作米饭饼底时需要用力压紧实，否则会散。
4. 米饭易粘烤盘，最好垫铺上一层高温布防粘，以免烤好后无法取下。

9. 叉烧酱汉堡

中式材料［叉烧酱］& 西式材料［汉堡面包］

汉堡是十足洋气的食物，从内到外都是实打实的西洋材料，食材搭配较为合理，有荤有素还有主食，吃一个能果腹解馋，没空下厨或没有时间好好吃饭时的确常会选择汉堡。倘若再加上一点颠覆，用上中式的调料来制作汉堡，就又诞生了一种全新的滋味，虽称不上人间美味，却也绝不是淡泊无奇的如水之作。西式的汉堡多用牛肉制成，牛肉绞碎后调味，再压成饼状，入锅煎熟或者在烤箱里烤制。倘若要添上中国风，就在煎制肉饼后再多一个步骤，用叉烧酱烩一下，即刻便有了我们最熟悉的味道。叉烧酱有浓郁的广式风格，用在肉类的烹饪上很是合适，浓郁的酱汁将肉饼紧紧包裹，口感带着甜却不那么厚重，再配上蔬菜和面包同食，既能品出中餐的特色，也能尝出西式食物的风情，典型的中西合璧，极具亲民气质。

吃汉堡最不讲究排场，双手就是最好的餐具，手握汉堡送入口中，何时都会是畅快淋漓的。

食 材 猪腿肉 125 克　牛里脊 125 克　洋葱 1/4 个　鸡蛋 1 个　生菜 4 片　番茄 1 个　面包糠 20 克　汉堡面包 4 个

调 料 白兰地 1 大勺　无盐黄油 10 克　盐 1/2 小勺　叉烧酱 2 大勺　番茄沙司 2 大勺　蚝油 2 大勺　水 100 毫升　研磨胡椒少许

锅 具 平底煎锅

制作过程

① 番茄切片，生菜略修剪成圆形，洋葱切末。

② 牛里脊、猪腿肉切丁。

③ 汉堡面包从侧面一剖为二。

④ 锅内小火融化黄油 10 克，加入洋葱末炒至透明变软，冷却备用。

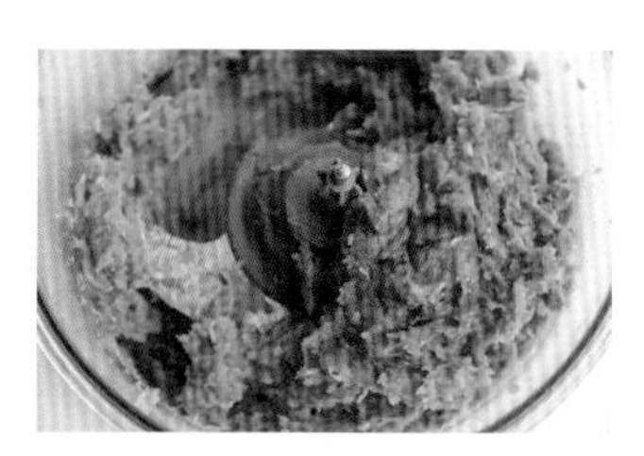

⑤ 牛里脊和猪腿肉加入料理机内打成肉糜。

⑥ 加入冷却后的洋葱末。

⑦ 加入面包糠 20 克。

⑧ 加入鸡蛋一个。

⑨ 加入盐 1/2 小勺。

⑩ 加入白兰地 1 大勺。

⑪ 研磨入胡椒少许。

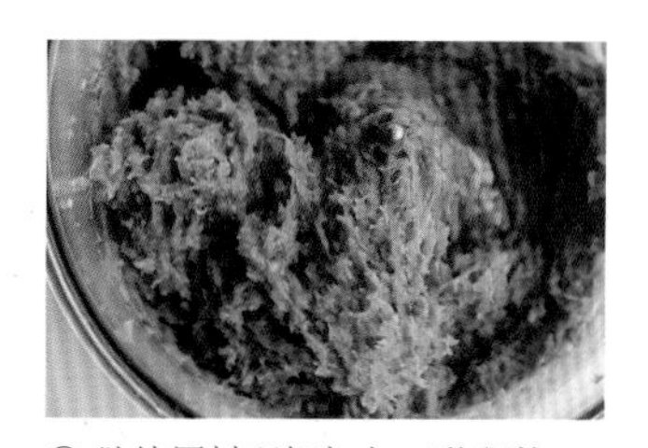

⑫ 继续用料理机打匀至黏稠状。

⑬ 取适量肉糜，在手掌中摔打几次，整理成圆饼状。

⑭ 锅内加入少许油，加入肉饼煎至两面变色定型。

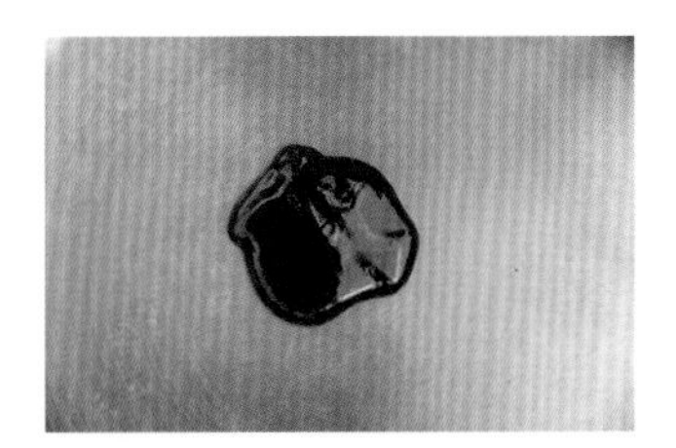

⑮ 另取一锅，加入叉烧酱 2 大勺。

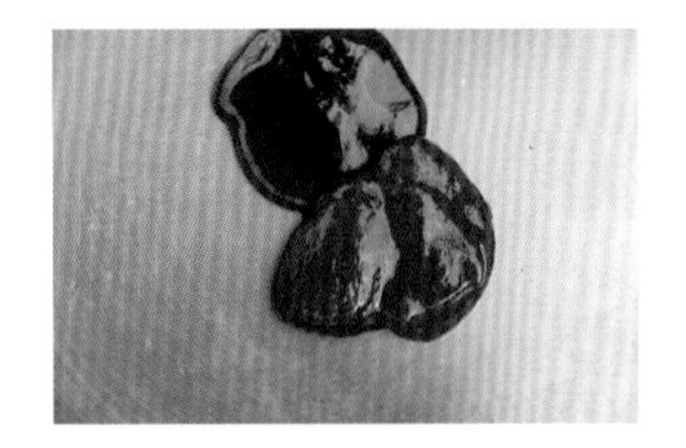

⑯ 加入番茄沙司 2 大勺。

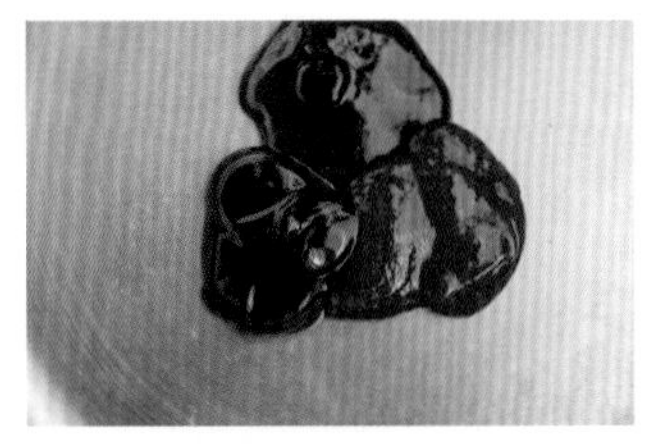

⑰ 加入蚝油 2 大勺。

⑱ 加入水 100 毫升，搅匀。

⑲ 加入煎好的肉饼，用中大火煮，无须加盖。

⑳ 煮至汤汁浓稠出锅。

㉑ 取汉堡面包的底部，放上一片生菜。

㉒ 放上一片番茄。

㉓ 放上一块肉饼。

㉔ 盖上汉堡面包的上部即可。

贴士

1. 猪肉与牛肉混合制成肉饼，口感较为丰富，也可只使用牛肉或猪肉。
2. 猪肉与牛肉切块时，只需切成料理机可以处理的大小即可，不必太细小。
3. 使用熟洋葱制作肉饼，更符合中国人的口味，也可直接使用生洋葱；若使用熟洋葱，需等冷却后再加入肉中，以免肉被烫变色。
4. 面包糠的添加可使肉饼松软，避免过于紧实的口感，这是肉饼好吃的秘诀之一。
5. 鸡蛋的添加可使肉饼的黏性增加，制作起来易成型不散。
6. 如果略去用叉烧酱煮制的过程，即为西式汉堡，多了炖煮过程，就有了另一种浓郁的中国风。

六、中西合璧之甜品甜心

ZHONGXIHEBI ZHI TIANPINTIANXIN

甜品是饮食中的点睛之笔，一餐饭以甜品收尾抑或是品尝下午茶的甜点都是身心愉悦的享受。中式与西式的甜品均有各自不同的食材选择与制作方式，两者也可相互融通。中式的豆浆、芝麻糊、糙米等食材均可以西式甜点的制作方式呈现，或制成布丁，或制成蛋糕，皆是带有鲜明特色的花样甜品。

1. 可可甜栗子

中式材料［栗子］& 西式材料［可可粉］

饮食也分四季，到了季节自会有特别想吃的食物。春暖花开时节的马兰头，炎炎盛夏里的糟物，秋风渐起时的糖炒栗子，还有寒冷冬日里的咸肉菜饭。守着季节出现的食物，滋味妙不可言。一到寒意渐浓的秋天，手捧一袋新鲜出锅的糖炒栗子，暖暖的温度，甜糯的口感，都是让人心满意足的。但随着栗子的冷却，其甜度和香味都会失分不少。自己在家烤栗子，可以添一些味道，让栗子在失去温度的时候，也如刚出炉时那般香甜。先用剪刀在栗子顶端剪个小口，在水中将壳煮软，剥去外壳和衣，放入烤箱中烤到香气四溢，同时将炼乳、可可粉、牛奶和糖拌匀，等到栗子出炉一拌即得。如此制作的栗子，不论冷热均是香甜无比，不会因为寒冷的温度，让人失去了品尝的欲望。

食　材　栗子 400 克　牛奶 1 小勺

调　料　炼乳 3 大勺　可可粉 1/4 小勺　白糖 1/2 小勺

锅　具　汤锅　烤箱

制作过程

① 用剪刀在栗子的顶部剪出十字口。

② 锅内水烧开，加入栗子，等到水再次沸腾后关火。

③ 加盖焖 10 分钟左右。

④ 剥去栗子壳和栗子衣。

⑤ 栗子放入烤盘中，放入预热 180℃的烤箱中烤 12 分钟。

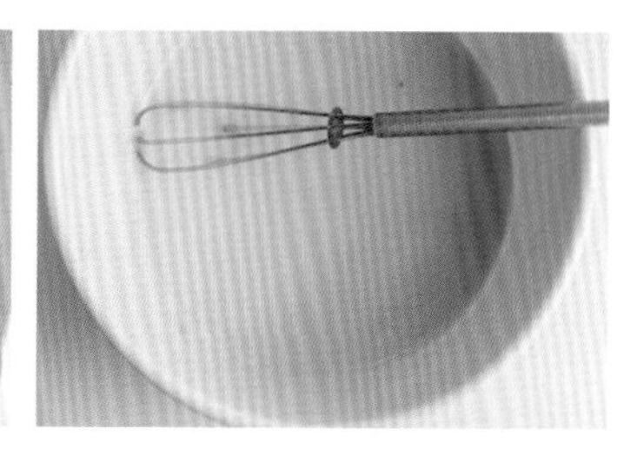

⑥ 将 3 大勺炼乳放入容器内。

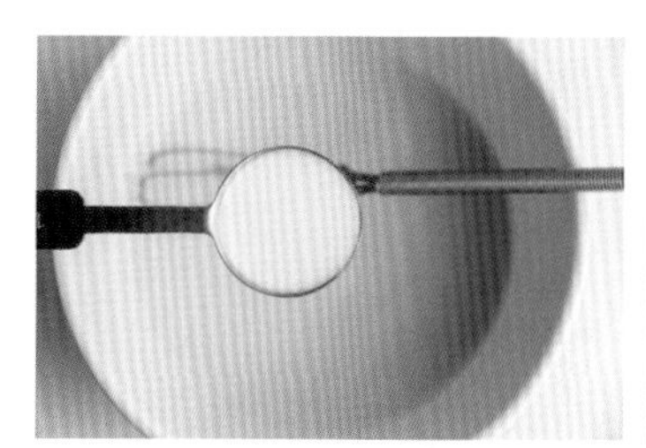

⑦ 加入牛奶 1 小勺。

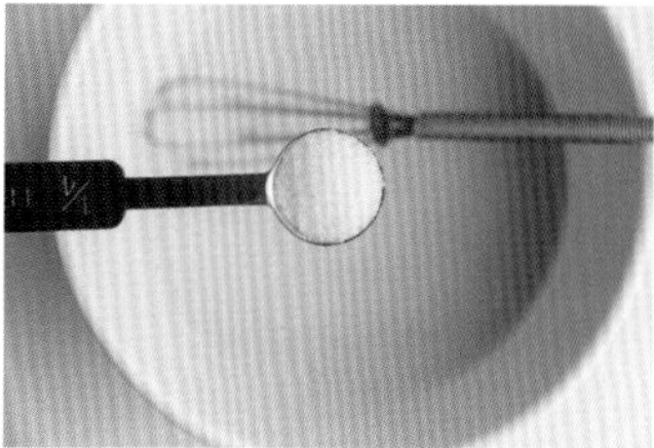

⑧ 加入白糖 1/2 小勺。

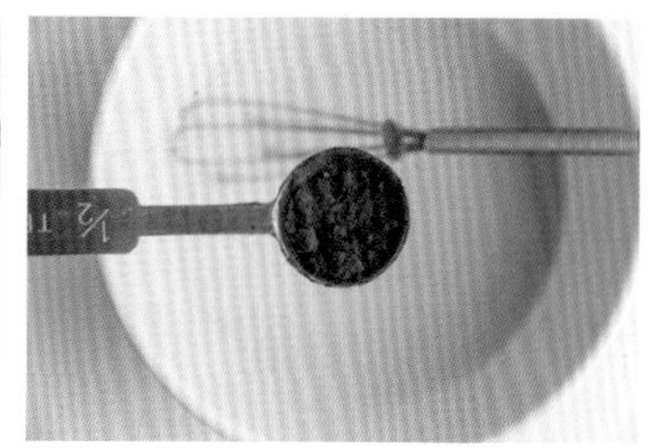

⑨ 加入可可粉 1/4 小勺，搅拌均匀。

⑩ 将可可炼乳加入栗子中，拌匀即可。

贴士

1. 栗子不要久煮，水开后即关火，加盖闷即可。煮是为了更易去壳和衣，不需要煮熟，否则剥开后易碎。
2. 趁热食用或冷却食用，口感都颇佳。

2. 奶油南瓜羹

中式材料 [南瓜] & 西式材料 [淡奶油]

南瓜的可塑性强，看看中外饮食便知。国内的葱香南瓜、南瓜面疙瘩、南瓜发糕、南瓜饼……国外的烤南瓜、南瓜派、南瓜奶油浓汤……还有著名的万圣节南瓜灯，都是南瓜的千变万化。

南瓜的适口性也是不一般的，本身虽香甜，但无论加盐还是加糖调味，都有明显的分别，咸是分明的咸，甜也是分明的甜。南瓜与土豆、胡萝卜、西芹等同煮，用盐和胡椒调味，就是咸味的南瓜浓汤，配上面包和沙拉就是一顿简而不陋的正餐。蒸熟的南瓜与淡奶油、牛奶、炼乳一起搅拌均匀，即是甜品南瓜羹，下午茶或正餐后喝一碗，都是不带半点含糊的满足。

食　材　绿皮南瓜 1/2 个　牛奶 150 毫升　淡奶油 150 毫升

调　料　炼乳 1 大勺

锅　具　汤锅　蒸锅

制作过程

① 南瓜去籽切块，放入蒸锅内蒸约 20 分钟至熟软。

② 蒸熟后的南瓜用刀轻轻切去皮。

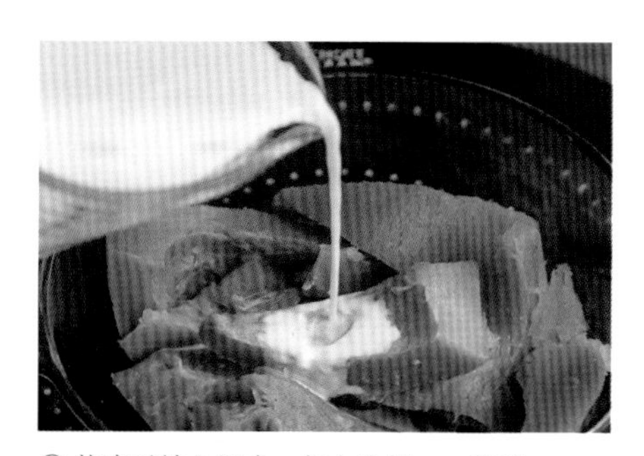

③ 将南瓜放入锅中，加入牛奶 150 毫升。

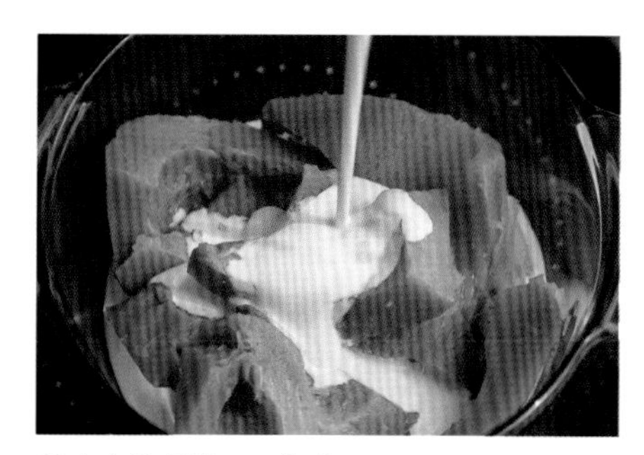

④ 加入淡奶油 150 毫升。

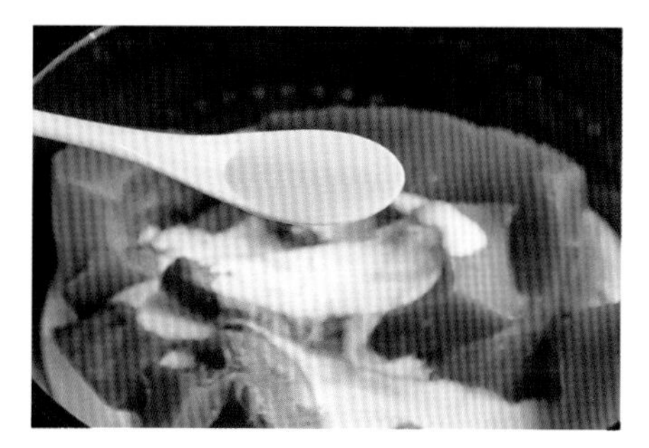

⑤ 加入炼乳 1 大勺。

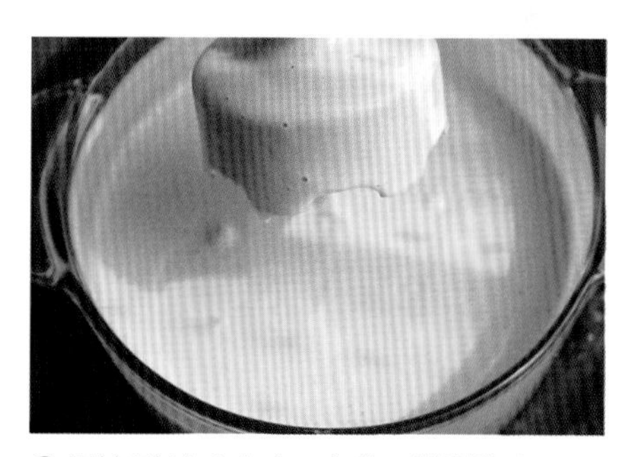

⑥ 用料理棒打细打匀，加热至微沸即可。

贴士

1. 南瓜皮坚硬，生时不易去皮；可先洗干净外皮后直接切块蒸熟，再去皮会容易很多。
2. 可以根据喜欢的甜度添加炼乳。
3. 南瓜打碎后不加热也可，直接食用常温的，口感也好。

3. 果酱蜂蜜豆腐花

中式材料［黄豆］& 西式材料［果酱］

一直很喜欢白白嫩嫩的豆腐，倒也不是多爱吃，就是喜欢看它水灵灵的样子，也爱那种触在指尖的润，润到心窝里。

更有一种食物比豆腐更嫩，更水，更温润，那便是豆腐花。关于豆腐花大约会有一场南北之争，有食咸，有食甜，在我看来两种皆可。咸味的豆腐花一般搭配榨菜、紫菜、油条碎、小虾皮，咸鲜润口。甜味的豆腐花可以搭配蜂蜜、炼乳、果酱，温润香醇。 如此清新的美味，在家自制也非难事。黄豆泡软磨成豆浆，煮滚几分钟后关火，晾到90℃左右，按比例加入内酯粉搅匀，加盖子闷着，待到凝结时，一碗似水豆腐花就做成了。再添上爱吃的各色味道，舀一勺入口，就交由味蕾去细品吧。

食　材　黄豆 100 克　内酯粉 1 克

调　料　炼乳 2 小勺　小红莓果酱 2 小勺　水 800 毫升

锅　具　汤锅

制作过程

① 黄豆加水浸泡 6 小时左右至完全涨开。

② 泡好的黄豆放入料理机中，加入水 800 毫升。

③ 打成细腻的豆浆。

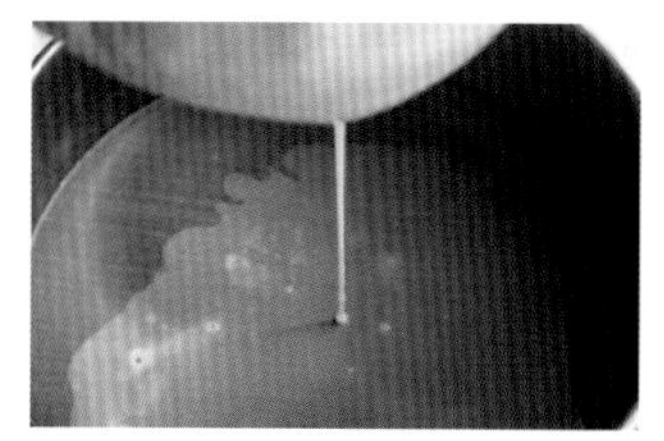

④ 将豆浆倒入细布袋中滤出豆渣。

⑤ 直至豆渣变得干燥。

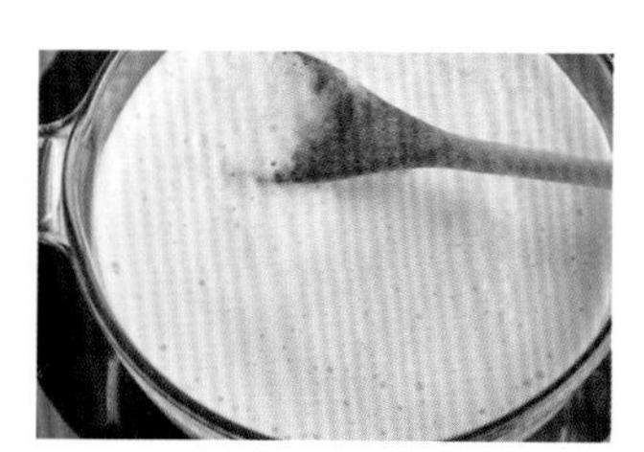

⑥ 豆浆入锅，用中火煮开，并舀去浮沫（不要加盖）；煮开后，继续保持沸腾状态 5 分钟；关火，将豆浆晾至约 90℃。

⑦ 内酯粉加入少许水化开。

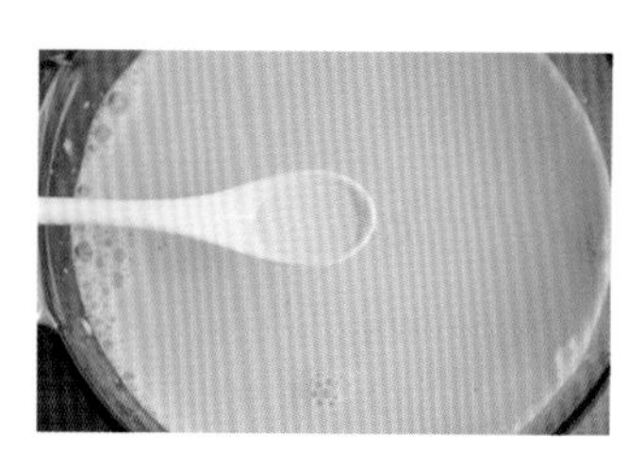

⑧ 加入 90℃的豆浆内，搅匀。

⑨ 加盖静置 15 分钟至凝固。

⑩ 用勺子轻轻舀出豆腐花。

⑪ 加入炼乳 2 小勺。

⑫ 加入小红莓果酱 2 小勺即可。

贴士

1. 使用现成的豆浆制作豆腐花也可。
2. 滤出的豆渣不要丢弃，加入面粉和水，可以做成豆渣饼；或者将豆渣放入无油的锅中炒熟，就是豆酥。
3. 煮豆浆时不可加盖，煮开后要保持 5 分钟的沸腾状态。食用未煮熟的豆浆会产生恶心、腹痛等中毒症状，所以一定要彻底煮熟。
4. 豆浆在产生大量浮沫的时候其实并未真正煮沸，为防止溢锅可将浮沫舀去。
5. 刚煮好的豆浆需要稍稍冷却后再加入内酯粉，至豆浆表面结皮时。

4. 豆浆布丁

中式材料［豆浆］& 西式材料［吉利丁片］

豆浆起源于中国，是十分常见又极受大众欢迎的美食，把它与鲜奶油结合，再用上西点的制作方式，一道能代表东西方味道的甜品就完美呈现了。用豆浆做这道布丁，过程是极简单的，由于加入了淡奶油更有了双重浓郁的香气，与豆奶的味道有异曲同工之妙。只是冷藏过的布丁是凝固的，滑嫩得更似豆腐，闻起来也有豆浆的浓浓豆香，吃时再淋些蜂蜜，味道尽可用“美妙”来形容。

美食是无定律与国界的，只要不相互冲突，无论是哪个半球哪个国度的特色食材都能在一起结合，碰撞出别样的风情万种。这道甜品用随手可得的中国元素与西式原料结合，得到的是相互融合的独特风味。

食　材　豆浆 300 毫升　淡奶油 130 毫升

调　料　白糖 15 克　蜂蜜适量　吉利丁片 7.5 克

制作过程

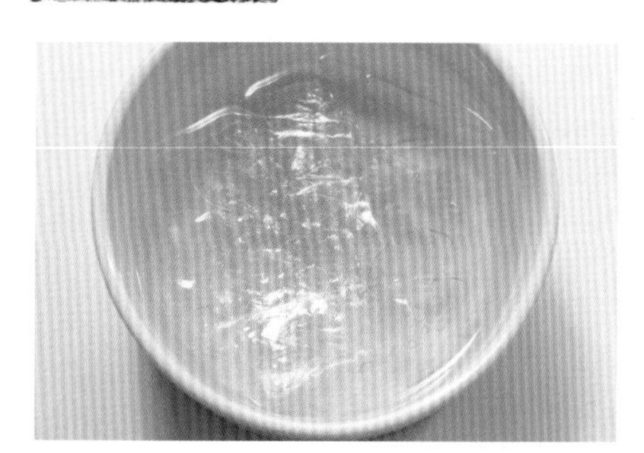

① 吉利丁片加入冰水中泡软。

② 豆浆入锅，加入白糖 15 克。

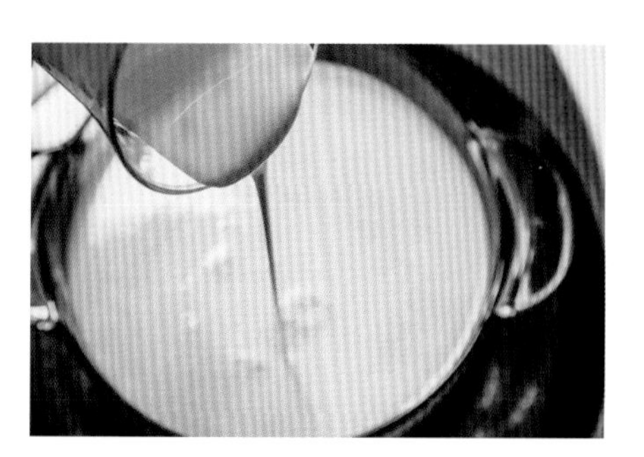

③ 加入淡奶油 130 毫升，小火加热至白糖融化。

④ 泡软的吉利丁片挤干水分，加入豆浆液中，搅匀至完全融化后关火。

⑤ 豆浆液倒入细筛子过滤。

⑥ 倒入容器中，冷却后冷藏 4 小时以上至完全凝固，吃时添加蜂蜜即可。

贴士

1. 吉利丁片的作用是让豆浆凝固，需要泡软后使用；温度高会使吉利丁片融化，所以要用冰水泡软。
2. 豆浆与淡奶油的混合液，只需要加热到可以融化糖和吉利丁片的程度即可，不必煮开。
3. 这里使用的是现成的豆浆，自己磨的豆浆需要完全煮透后再使用。
4. 最后配合蜂蜜食用，所以豆浆液中用的糖量较少；如果不添加蜂蜜，酌情增加糖量。

5. 胚芽蜂蜜香蕉奶昔

中式材料 [小麦胚芽] & 西式材料 [牛奶]

一杯饮品在暖暖的气候下，最是讨人喜欢。解渴只是其一，解馋倒是占了大半。街头售卖的饮品花样百出，水果的、牛奶的、茶味的……总有一款能解馋。闲散时光里，一杯好滋味的饮品比起那些过于甜腻的零食有更多诱惑。

一杯透着多重滋味的美妙饮品，自制起来也非想象中复杂，不外乎混合而已。更可尽情发挥自己的无限想象力，摒弃不爱的，只挑钟爱之物，一起混合，味道终究是不会差的。此款胚芽蜂蜜香蕉奶昔是我比较钟爱的饮品之一。味道香醇之外，更青睐于它的制作简便。只要家中食材齐备，何时想吃，一分钟内即可完成制作。美味与简便共存的食物，诱惑力也是双倍的。

食　材　即食小麦胚芽 1 大勺　香蕉 2 根　牛奶 400 毫升

调　料　蜂蜜 2 小勺

工　具　料理棒

制作过程

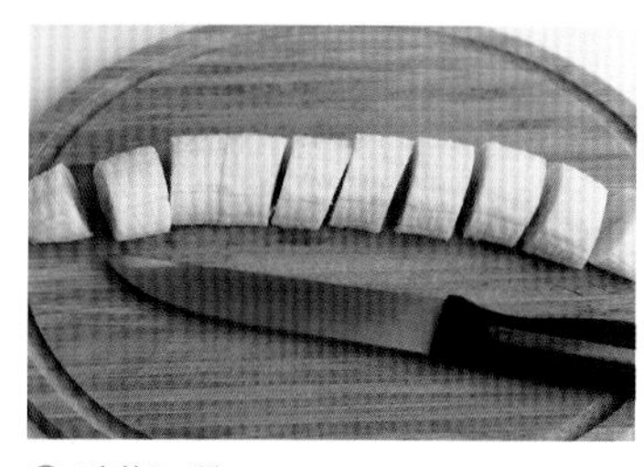

① 香蕉切段。

② 香蕉段放入容器内，加入牛奶 400 毫升。

③ 加入蜂蜜 2 小勺。

④ 用料理棒打成细腻的液体。

⑤ 撒上小麦胚芽即可。

贴士

1. 香蕉与牛奶的比例 1:1.5 或 1:2 较为合适。
2. 香蕉已有甜度，蜂蜜不必添加过多。
3. 小麦胚芽要使用即食的品种。

6. 黑芝麻糙米戚风

中式材料 [糙米粉] & 西式材料 [朗姆酒]

蛋糕，由字生意，“蛋”是鸡蛋，“糕”是粉，通常情况下为面粉。鸡蛋与面粉组合后就有了各式蛋糕，传统的海绵蛋糕、戚风蛋糕之类的经典之作，皆由面粉变化而来。但传统的蛋糕也在改良之下呈现出不同的形态，以口感轻盈如云朵著称的戚风蛋糕，也有不含面粉的品种。这款由糙米粉取代低筋面粉的戚风蛋糕，一样蓬松可口，相比传统的配方，更能品出粮食的天然香气。

食 材 蛋黄 45 克　牛奶 40 毫升　生糙米粉 60 克　黑芝麻粉 12 克　熟黑芝麻 10 克　蛋白 115 克

调 料 朗姆酒 7 毫升　白糖 70 克　色拉油 20 毫升

锅 具 17 厘米中空戚风模具

制作过程

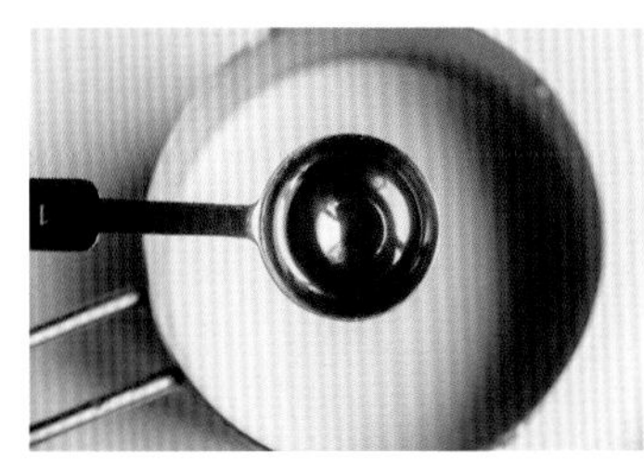

① 朗姆酒加入牛奶中。

② 再加入色拉油。

③ 搅匀至融合的状态。

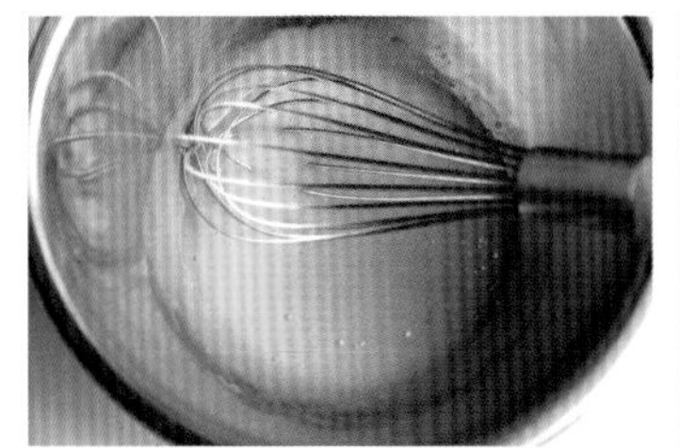

④ 蛋黄打散。

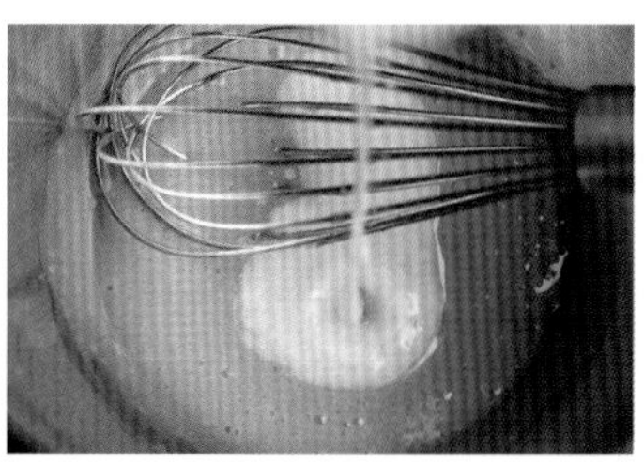

⑤ 加入牛奶与色拉油的混合液，搅匀。

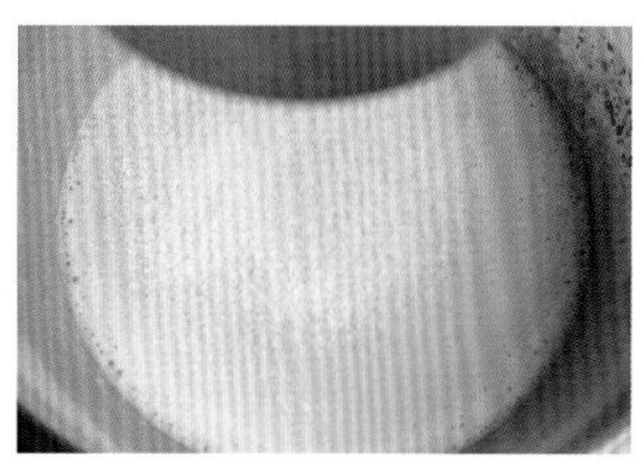

⑥ 筛入糙米粉，搅匀至无颗粒的状态。

⑦ 加入黑芝麻粉。

⑧ 加入黑芝麻。

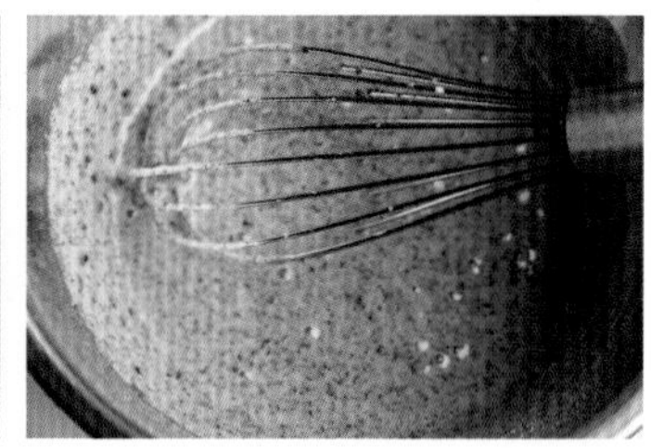

⑨ 搅匀，即为蛋黄糊。

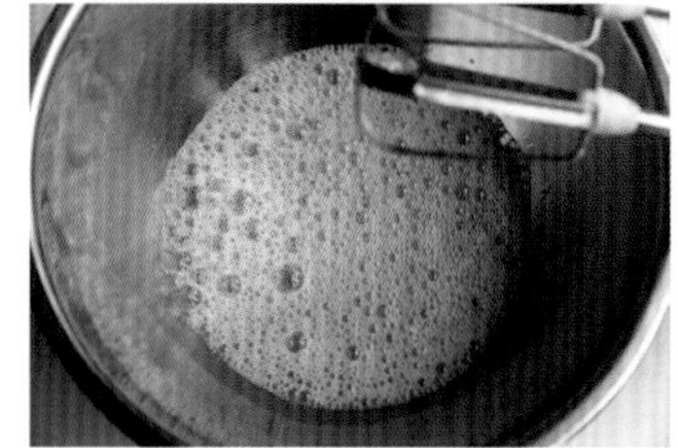

⑩ 蛋白用电动打蛋器打至起泡泡的状态。

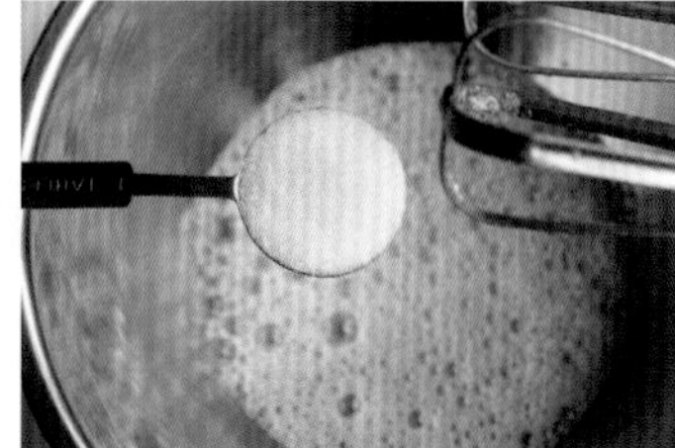

⑪ 加入白糖。

⑫ 打至软弯钩的湿性发泡状态，即为蛋白霜。

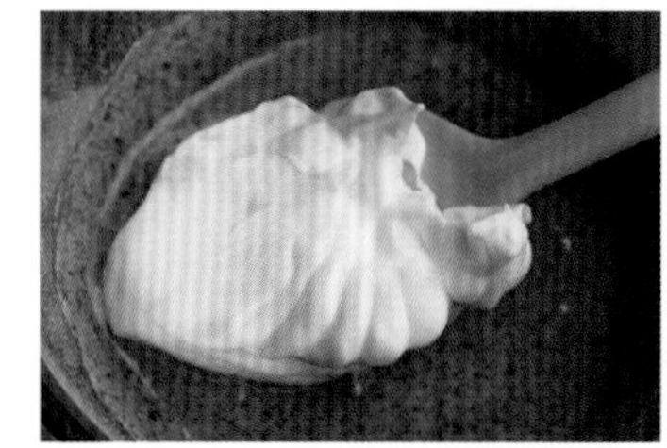

⑬ 取 1/3 蛋白霜加入蛋黄糊中，用橡皮刮刀拌匀。

⑭ 再倒入剩余的蛋白中。

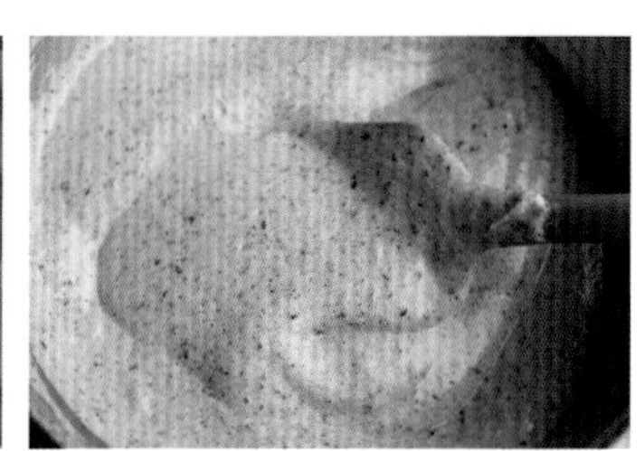

⑮ 轻轻翻拌至完全混合即为蛋糕糊。

⑯ 蛋糕糊倒入模具中，在桌子上震几下，去除大气泡；放入预热 170℃ 的烤箱内，烤约 30 分钟。

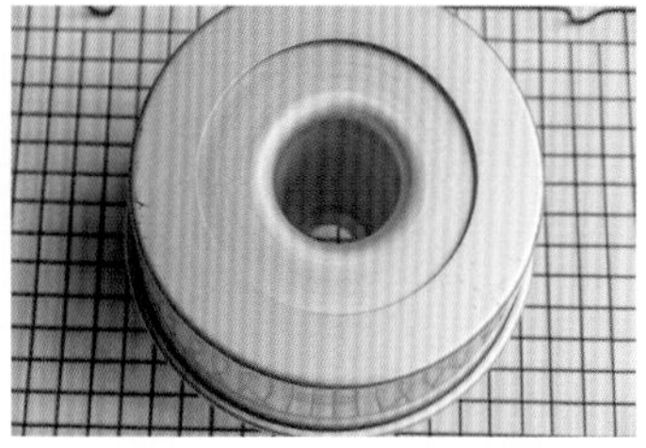

⑰ 出炉后立刻倒扣，直至完全凉透后再脱模即可。

贴士

1. 这里是用研磨机将生糙米磨成粉，也可以使用粉碎机打碎，或者直接购买现成的糙米粉。
2. 糙米粉不如低筋面粉膨胀度高，所以成品会比面粉做的体积略小。
3. 蛋白不必打至硬性发泡，有弯钩的状态即可，不会影响最后的膨胀。
4. 翻拌蛋白与黑芝麻糊时尽量拌匀，否则烤出的成品会看见明显的白色蛋白层。

7. 山楂酱夹心蛋糕

中式材料［山楂酱］& 西式材料［香草精］

人在异乡，会想念家乡食物的味道；人在家乡，会怀念儿时食物的美妙。心里头认定的滋味，总在无法得到时愈发想念，越想念越觉得怅然若失。岁月流逝，心中的味道未被冲淡，反倒更刻画入心，在寻觅中期待重温的一刻。

儿时很爱吃一种蛋糕，简单至极的造型，两块方形的蛋糕中间夹有一层薄薄的红色果酱，蛋糕很松软，果酱有股浓烈的香甜，现在依然可以寻觅到，只是味道差矣。不甘心之下，自己动手当然最好。这款果酱夹心蛋糕用的是松软戚风的配方，中间夹上喜欢的果酱，造型完全被模仿，口感也近乎完美。中间夹的果酱用了自己熬制的山楂酱，典型的中国风味果酱与蛋糕的组合，一个带着浓浓的酸，一个带着香香的甜，唤起的不只是味觉，更是深深的记忆。

简单的搭配，朴素的味道，可品出当年的经典余味，虽敌不过记忆，却也直指人心。

食　材　蛋黄 3 个　蛋白 4 个　牛奶 50 毫升　低筋面粉 85 克　山楂酱适量

调　料　白糖 50 克　色拉油 27 毫升　香草精少许

模　具　28 厘米 × 28 厘米方形烤盘

制作过程

① 3 个蛋黄和 4 个蛋白分别放入容器内。

② 烤盘内铺上油纸。

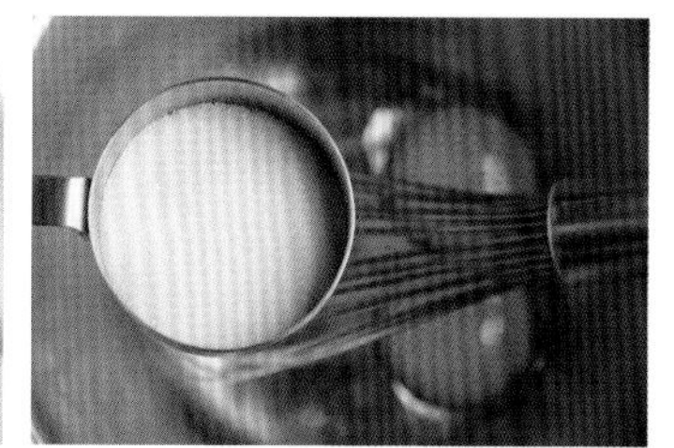

③ 蛋黄内加入 15 克白糖。

④ 搅匀至白糖融化。

⑤ 分 2 次加入色拉油，搅匀。

⑥ 加入牛奶 50 毫升搅匀。

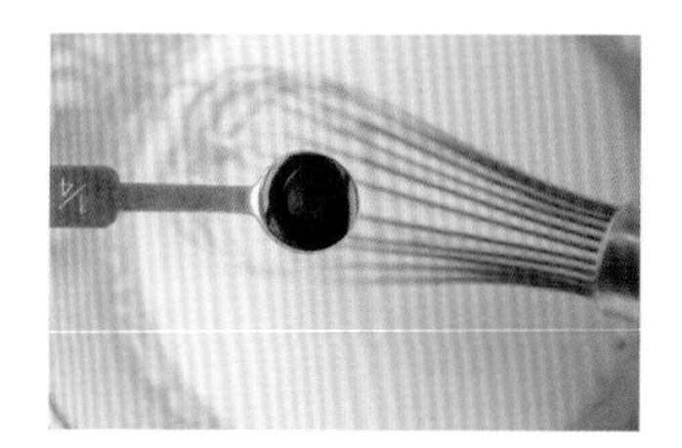

⑦ 加入香草精搅匀。

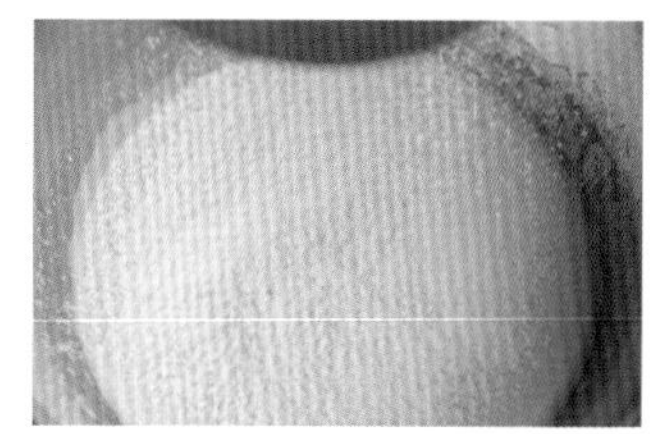

⑧ 筛入低筋面粉。

⑨ 搅匀成无颗粒的面糊，即为蛋黄糊。

⑩ 蛋白用电动打蛋器打至起泡泡的状态。

⑪ 加入白糖 35 克，打至软软的湿性发泡状态，即为蛋白霜。

⑫ 取 1/3 蛋白霜加入蛋黄糊中，用橡皮刮刀轻轻翻拌均匀。

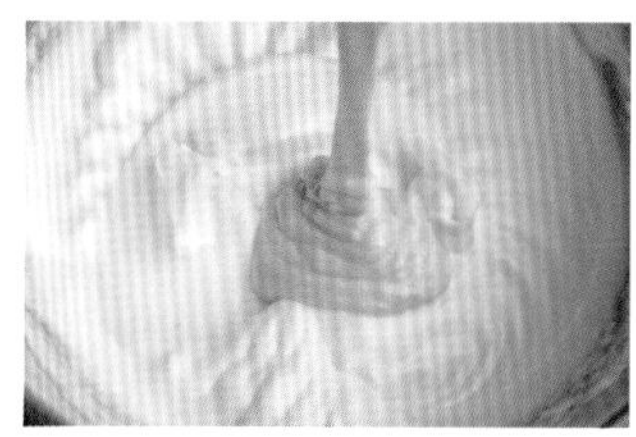

⑬ 蛋黄糊倒入剩余的蛋白霜中，用刮刀轻轻翻拌均匀，即为蛋糕糊。

⑭ 蛋糕糊倒入烤盘中。

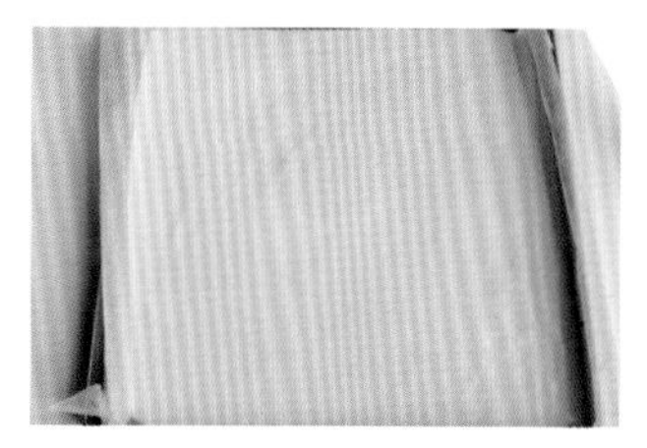

⑮ 抹平表面，震去气泡，放入预热 170℃的烤箱中，烤约 16 分钟。

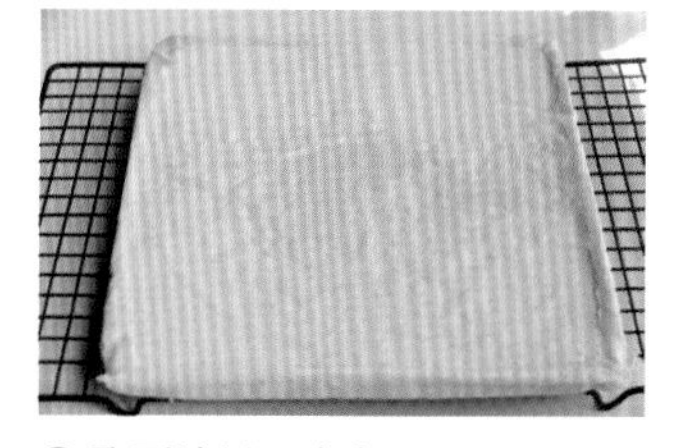

⑯ 取下油纸，晾凉。

⑰ 蛋糕一切为二。

⑱ 在烤面（深色面）涂抹一层山楂酱。

⑲ 合起两片蛋糕，切成喜欢的形状即可。

贴士

1. 蛋白打成软软的湿性发泡即可。
2. 蛋糕不切，直接抹一层山楂酱后卷起，即为蛋糕卷造型。

8. 芝麻糊蛋糕

中式材料 [黑芝麻粉] & 西式材料 [黄油]

在我国，蛋糕这个完全的舶来之物已然占据了人们的日常饮食。从生日插满蜡烛的蛋糕、执子之手的甜蜜结婚蛋糕、情人节的浪漫蛋糕……到当做早餐、下午茶、饭后甜点的各种口味的蛋糕，甜蜜又有些霸道地占领着我们的餐桌。

中国风味的食材倘若加入西洋风的蛋糕中，会是契合还是不容，试过便知。黑芝麻糊属于地道的传统风味，由黑芝麻磨碎制成，奇香无比。磨碎的黑芝麻与牛奶、黄油、面粉、鸡蛋和糖一起制成蛋糕，黑芝麻的味道充斥着整个蛋糕，很难形容吃的到底是传统的，还是西洋的味道。满嘴的芝麻香味和着黄油的膨松，都是让人迷恋的，迷的是几分传统，恋的是几分新鲜的别致。

食　材　黑芝麻粉 30 克　白芝麻适量　牛奶 25 毫升　全蛋 25 克　低筋面粉 70 克　泡打粉 1/4 小勺

调　料　黄油 55 克　糖粉 40 克

模　具　直径 7 厘米马芬模具

制作过程

① 黑芝麻粉内加入牛奶，拌匀后即为芝麻糊。

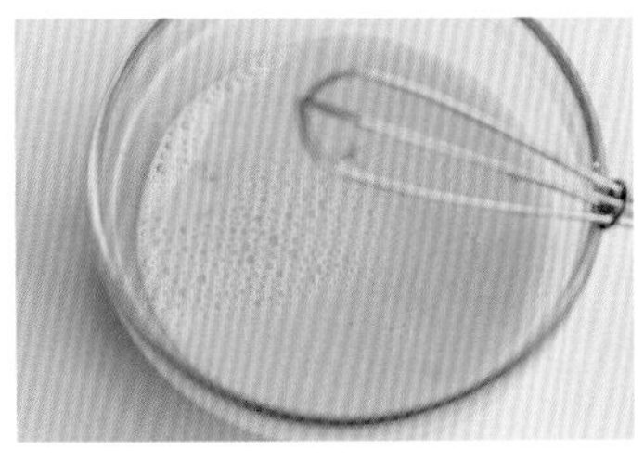

② 鸡蛋打散后取 25 克。

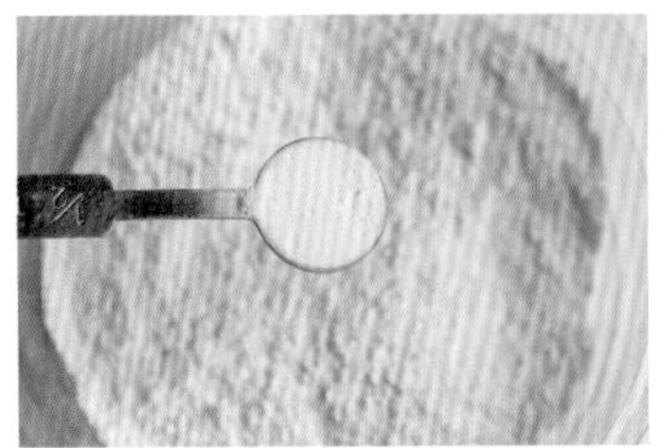

③ 泡打粉加入低筋面粉中拌匀。

④ 黄油先搅打几下，加入糖粉，搅打至颜色发白。

⑤ 分 3 次加入蛋液，每次搅匀后再添加下一次。

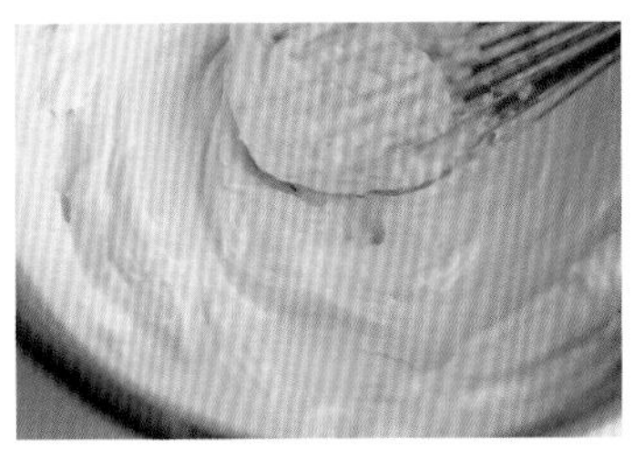

⑥ 搅匀成蓬松的状态。

⑦ 筛入低筋面粉，加入芝麻糊。

⑧ 用橡皮刮刀翻拌均匀。

⑨ 模具中放入纸托，放入面糊至七分满。

⑩ 表面撒少许白芝麻，放入预热 180℃的烤箱，烤约 20 分钟即可。

贴士

1. 黑芝麻粉不要使用含糖的品种，应选用打碎的纯黑芝麻。
2. 黄油和鸡蛋需要使用室温的，提前从冰箱中取出回温。过低的温度会造成黄油水油分离。
3. 鸡蛋不要一次全部加入黄油中，分 3 次加入，且每次都需要搅匀至黄油完全吸收蛋液后，再加下一次，否则也会造成水油分离。